Menschenzucht

Menschenzucht

Ein Merkbuch für die Reifen beiderlei Geschlechts

von

Dr. Franz Kisch

1920

A. Marcus & E. Weber's Verlag Bonn

Otto Wigand'sche Buchdruckerei G. m. b. H., Leipzig.

Inhaltsübersicht.

Einleitende Worte.

Was wir glücklichen oder unglücklichen Zufall nennen, ist oft nur eine in sich wohlgegründete Folge unserer Selbstbeherrschung oder unserer Unbeherrschtheit; gilt dies schon im allgemeinen häufig, so insbesondere bei den geschlechtlichen Handlungen, bei der Zeugung des Nachwuchses. Um das Schicksal hierbei möglichst zu meistern, ist vor allem Gewalt über sich selbst vonnöten; dazu gehört aber zunächst Erkenntnis und Wissen: was gut zu tun, was nötig zu unterlassen sei, damit der Auftakt vom eigenen Ich zu den kommenden Geschlechtern in die reine Harmonie von Kraft, Intellekt und Schönheit ausklinge.

Wie das ideale Ziel der Schaffung einer hochwertigen, widerstandsfähigen Nachkommenschaft — soweit es innerhalb der engen Grenzen unseres energetischen Könnens und potentiellen Wollens möglich ist — erreichbar wäre, das sollen diese Blätter dartun. Darin will vom Wesen der Geschlechtlichkeit, von den Zielen der sexuellen Triebe, von einem gesunden Liebesleben, von der Fortpflanzung der Art, den Erfahrungen der Vererbung, von der Auswahl der Gatten, der Veredlung der Menschen und der Hebung des Nachwuchses, sowie der Verbesserung der Rasse, auch davon, wie innerhalb der durch Sitte, Gesetz und Gesellschaft nun einmal festgelegten Form der Ehe viel selbstverschuldetes Elend für die Nachfahren verhütet werden könne, gesprochen sein; manches will darin gesagt werden, was Eltern und Jugendbildner in falscher Schamhaftigkeit, in Lebensfremdheit oder aus Mangel an Kenntnis und Einsicht den Heranreifenden zu sagen versäumten, manches darin gelehrt werden, was bei dem in Kraftlust dahinstürmenden Jüngling nicht den Weg vom flammenden Herzen zum prüfenden Überlegen und zu klarem Urteilen fand, was beim züchtigen Mädchen nicht ins Bewußtsein drang und doch dringen muß, damit verstehendes Erkennen die Schritte vom eigenen Sein zum schöneren Werden der Folgenden leite.

Das wohlbedachte Streben, die kommende Generation immer gestählter und vollkommener in den Lebenskampf zu stellen, hat in jetziger Zeit größere und zwingendere Berechtigung, denn je.

Die — seit Menschengedenken wildeste Kriegsfurie schlug in jahrelangem Rasen tiefe Breschen in die Reihe der Mannbarsten und Besten der Völker; schwere Entbehrungen und Nöte griffelten denen, die das Toben der Schlachten überlebten oder nicht unmittelbar darin standen, scharfe Runen in ihre Leiber, in ihre Seelen. Zagend harren nun die Erschöpften im aufsteigenden Lichte des Friedens einer besseren Zukunft; in festem, zielbewußtem Zugreifen und in strengem Pflichtendasein erhoffen sie, ihren Kindern den Boden vorbereiten zu können, auf dem diese in zäher Arbeit wieder zu wertvollem Schaffen und Wirken, zur Lebensfreude, zu Ansehen und Macht zu gelangen vermögen. Ein ertüchtigtes, im Kerne starkes, gesundes Geschlecht wird es sein müssen, das die argen Schäden der Vergangenheit allmählich auszumerzen vermöge! Daß dieser kommende Nachwuchs dazu befähigt sei, dafür muß jeder Einzelne bewußt und selbstverleugnend sorgen.

Marienbad, August 1919.

Der Verfasser.

Gesunde, körperlich und geistig ragende Menschen zu züchten, ist das höchste Zielstreben naturwissenschaftlicher Forschung, sozialhygienischer und sozialpolitischer Tätigkeit.

Jene Wege ausfindig zu machen, auf welchen das Gattungsleben zum Wohle und zum Glücke künftiger Geschlechter geführt werden soll, lehren Erfahrungen und Beobachtungen aus dem ewigen Wirken der Natur, welche die Lebewesen im Dasein zeitlich begrenzt, sie vergehen, doch immer wieder neue werden läßt, um das Lebendige in dauernder Verjüngung, eines aus dem anderen erstehend, zu erhalten. Die Blätter der Weltgeschichte berichten vom Aufblühen und vom Aussterben vieler Geschlechter und decken mit Deutlichkeit die Gründe und Ursachen ihres Anstieges, wie ihres Verfalles auf; so geben sie Pfadweisungen für die Menschenzucht. Auch die Kulturgeschichte verschafft mit der Schilderung des über lange Zeitläufte sich erstreckenden Aufbaues unseres Menschentums vom Tiefstande instinktiven Schaffens zu den Höhen bewußter, zweck- und sinngemäßer Energieentfaltung und -auswirkung manch wertvolle Aufklärung über die Quellen, aus welchen dem Einzelnen oder ganzen Kreisen Tatkraft, bahnbrechendes Können, schöpferische Ideen, Gedankenreichtum und menschheitsbeglückende Fähigkeiten zuströmten. Am klarsten jedoch zeigt die ärztliche Erkenntnis und biologische Erkundung die günstigsten Bedingungen für eine gute Menschenzüchtung.

Die Worte, welche Goethe seinen Wagner über den Homunculus sagen läßt, können wohl passend auf die Zwecke und Ziele vernunftgemäßer Menschenzucht angewendet werden:

„ . . . Was man an der Natur Geheimnisvolles pries,
Das wagen wir verständig zu probieren,
Und was sie sonst organisieren ließ,
Das lassen wir kristallisieren."

Nur eine Generation, gezeugt von starkwertigem, gesundem männlichem Keime, geboren aus reiner, unvergifteter und kräftiger weiblicher Brutstätte, genährt von lebensfrischen mütterlichen Säften, heranwachsend unter guten Allgemeinbedingungen, erzogen in Anschauungen arbeitsfreudigen Wollens und ethischer Menschheitswürde, kann Anspruch auf Macht, Freiheit und Glück erheben, zufriedene Familien gründen, ein werktätiges und widerstandsfähiges Volk bilden.

Die Grundlage für ein hochentwickeltes starkes Geschlecht kann nicht in dunkler Unwissenheit über die Weltgebote des Fortpflanzungstriebes, über den schöpferischen Akt der Zeugung, über die Bedeutsamkeit der Vererbung, die grundlegende Wichtigkeit bedachter Gattenwahl, über das gewaltige Einflußnehmen hygienischer Maßnahmen auf die Fruchtbarkeit, wie auf die Beschaffenheit der Keimzellen, nicht in draufgängerischem Befriedigen des Augenblicksdranges oder gegensätzlich in kühler Gleichgültigkeit materiell berechnender Geschlechtsgemeinschaft, noch weniger im Rausche verderblicher Reizmittel oder gar im erbärmlichen Zustande kranken Blutes und schwergeschädigter Körpersäfte gelegt werden!

Den Schöpfern der kommenden Geschlechter muß es durch Belehrung und Bekehrung eindringlich zum Bewußtsein kommen, wie ungemein wichtig die Bewertung jener lebenspendenden Kräfte ist, durch deren Einfluß das Entstehen, Werden und Gedeihen eines neuen Lebewesens bedingt wird. Die Voraussetzungen, unter denen aus dem Keime reiches Leben sprießen kann, oder welche dem Keime Verkümmerung und Unheil zu bringen vermögen, sollen verkündet und zum Gemeingut des Wissens werden.

Nüchterne Beurteilung, frei von poetischem Überschwange, zeichnet die Richtung vor, welche die aus Geschlechtstrieb und seelischer Neigung gemischte Leidenschaft, die wir Liebe nennen, zu nehmen hat, um die Schaffung gesunder Geschöpfe vorzubereiten und zu erwirken.

Schon zu jener Zeit, da sich in den Knaben und Mädchen Eros zu regen beginnt, muß ihnen die Bedeutung ihrer körperlichen und geistigen Gesunderhaltung im Hinblicke auf die ihrer harrenden Menschenpflichten als künftige Väter und Mütter ins rechte Licht gerückt, und es müssen ihre sozialen Gefühle auch auf sexuellem Gebiete und auf dem der Fortpflanzung geweckt und ausgebildet werden.

Berücksichtigt man, wie tiefgreifend zum Beispiel elende Wohnungsverhältnisse, das Zusammengepferchtsein vieler Personen, Erwachsener und Kinder, in einem Raume durch den Mangel an Luft, Licht und Reinlichkeit auf den Gesamtorganismus solcher Menschen, somit auch auf die Beschaffenheit ihrer, die Fortpflanzung bewirkenden Keimzellen in ungünstigstem Sinne einwirken, wie sich gerade hier die, ganze Generationen verseuchende Tuberkulose einnistet, dann begreift man auch den großen Einfluß, welchen die Besserung der allgemeinen sozialen Zustände, Wohnungsreform, materielle und erziehliche Hebung des Proletariats, auf die Menschenzucht zu nehmen vermag. Und nicht nur direkt infolge der durch Not und Elend hervorgerufenen Schwächung dieser Armen leiden ihre Nachkommen, vielmehr auch insofern, als die in derartigem Milieu aufwachsenden Knaben und Mädchen frühzeitig zur Befriedigung und künstlichen Steigerung ihrer geschlechtlichen Begierden aufgereizt werden, da sie dem Begattungsakte der mitwohnenden Erwachsenen zusehen und allzuviel Gelegenheit haben, sich ihren eigenen Trieben hinzugeben, oder allerlei Laster kennen und nachahmen lernen, vielleicht gar aus gemeinen Gewinn- und Erwerbsrücksichten zur Unzucht verleitet und angehalten werden, so daß sie die gewöhnlichsten Folgen unzüchtigen Wandels: Alkoholmißbrauch und Geschlechtskrankheiten schon in jungen Jahren zu tragen haben und sich, sowie die von ihnen stammenden Kinder und Kindeskinder verseuchen.

Die Art der Anlage eines neuen Lebewesens unterliegt nur insoweit einem bestimmenden Willen und einflußnehmender Wirkung des zeugenden Elternpaares, als dieses sich in freier Wahl und nach eigenem Ermessen jeder mit seinem Keime zur schöpferischen Tat der Zeugung eines neuen Geschöpfes zusammenfindet. In der Beschaffenheit des männlichen und des weiblichen Keimes der Erzeuger ist das Wohl und Wehe der kindlichen Anlage schon gegründet und unwandelbar festgelegt; darum muß der Mann die Frau und auch die Frau den Mann unter vorsorglicher Berücksichtigung des möglichst vorteilhaftesten Keimzustandes des einen wie des anderen bedachtsam wählen, damit das aus ihrer Paarung werdende Wesen seinen Schöpfern eine gute, gedeihliche Anlage verdanken könne. Dies ist das einzige, was die Natur der Willkür des Vaters und der Mutter hinsichtlich der Art und Gestaltung des kindlichen Organismus überläßt; in demselben Momente, da sich der väterliche und mütterliche Urkeim während der mit aufgefachtem seelischem Liebesempfinden und mit höchstem körperlichem Lustgefühl verknüpften Leibesvereinigung miteinander verschmolzen hat, ist die Anlage des so erstandenen neuen Geschöpfes auch schon dem Einflusse seiner Eltern entrückt und unter das gebietende Walten einer höheren Weltordnung gestellt. Was den Erzeugern dann noch an verantwortungsvoller Pflichterfüllung für die Entwicklung und das Gedeihen der Frucht zu tun erübrigt, beschränkt sich auf Sorgfalt und Achtsamkeit, auf das Fernhalten von Schädigungen, welche der Mutter und der in ihrem Leibe reifenden Frucht unheilvoll werden könnten, auf hygienische Pflege und auf allerlei Rücksichten.

Was für *Gefahren der Wertigkeit ihrer Keimzellen* drohen, wie solche zu bannen sind, das muß den Reifenden beiderlei Geschlechts gelehrt werden; es muß ihnen ein klarer *Einblick in die geheimnisvolle, wunderreiche Naturwerkstätte der Menschwerdung* gewährt werden, damit sie offenen Blickes und wägender Überlegung den Pfaden der schaffenden Natur zu folgen vermögen und in Kenntnis der *Vererbungsmöglichkeiten* die Wichtigkeit einer *geeigneten Gattenauslese* erkennen, sich — der Folgen bewußt — einer *sittlich geläuterten geschlechtlichen Lebensführung* befleißigen, in der *Veredlung des Nachwuchses* ein erstrebenswertes Ziel erblicken. Sie sollen lernen, was sie für das Wohl der selbstgeschaffenen Nachkommenschaft in pflichtenreichem Wollentum, in strenger Selbstzucht und in fürsorglicher Voraussicht zu leisten imstande sind, damit sie dereinst frei im Garten der *Ehe* wandeln und lebendige Denkmale in demselben bauen können im Sinne Nietzsches: „*Ehe, so heiße ich den Willen zu zweien, das Eine zu schaffen, das mehr ist, als die es schufen.*"

Das Reifen zur Liebe

Die Reifezeit (Pubertätszeit) des Jünglings. — Körperliche und seelische Vorgänge in derselben. — Der Geschlechtstrieb. Die Gefahren der Unbeherrschtheit. Selbstbefleckung und Geschlechtskrankheiten. — Ihre Folgen für die Zeugungsfähigkeit und für die Nachkommenschaft. — Geschlechtliche Enthaltsamkeit des Mannes bis zur Ehe. — Sexuelle Moral. — Die Reifezeit (Pubertätszeit) der Jungfrau. — Körperliche und seelische Vorgänge in derselben. Der Geschlechtstrieb und Fortpflanzungstrieb. — Die Gefahren der Verführung zu geschlechtlichen Handlungen. — Folgen für den Nachwuchs. — Körperliche und geistige Hygiene während der Pubertätszeit.

Das eherne Naturgesetz der Arterhaltung beginnt im zweiten Lebensjahrzehnt — zwischen dem 13. und 18. Jahre — seine geheimnisvollen Gebote in den Körper und in die Seele des heranwachsenden Kindes zu schreiben; es verjagt die Knaben und Mädchen aus dem ahnungslosen Paradiese der Kindheit und treibt sie aus harmlos-ruhiger Unbewußtheit in den Sturm bewußter Reife, welche mit der Entwicklung der Geschlechtsorgane und mit den damit gleichzeitig, wie gleichsinnig auftretenden Veränderungen der körperlichen Gestaltung auch das ganze Streben und Wollen, das Fühlen und Denken des jungen Menschen in ihren Bereich zieht.

Diese Zeit des geschlechtlichen Reifens (Pubertätszeit) tritt zumeist bei den Mädchen etwas früher ein, als bei den Knaben; auch läßt die heiße Erdenzone, der warme, sonnige Süden die Menschen eher reifen, als der rauhe Norden; ebenso ist zweifellos die unterschiedliche Rassenzugehörigkeit von Einfluß auf den früheren, beziehungsweise späteren Beginn der Pubertätszeit. Dagegen scheinen die allgemeinen Lebensgewohnheiten, bestimmte Ernährungsverhältnisse gleichwie die Art der Siedlungsgebiete, ob Großstadt oder freies Land, keinen wesentlichen Einfluß auf das frühere oder spätere Eintreten der Geschlechtsreife auszuüben.

Dem J ü n g l i n g gibt sich die beginnende Geschlechtsreife in zusehends schnellerem a l l g e m e i n e m W a c h s t u m kund; sein K n o c h e n g e r ü s t nimmt an Festigkeit zu, die M u s k e l n werden kräftiger, der B r u s t k a s t e n verbreitert, der ganze Körper strafft sich. Der sprossende B a r t, dessen Gedeihen mit Stolz beobachtet und mit Sorgfalt gepflegt wird, das Dichter- und Spröderwerden der Behaarung am Stamme, insonderheit im Umkreis der Geschlechtsteile, die zu tieferer Tonlage sich wandelnde Stimme deutet auf die Entwicklungsvorgänge im Geschlechtssystem.

Die Hoden werden größer und kräftiger, in ihnen reift der Zeugungsstoff: die Samenfäden, welche die Befruchtungsfähigkeit des Mannes bedingen. Das Mannesglied wird stärker und macht sich geltend, erlangt die Fähigkeit, sinnliche Eindrücke in wollüstige Tatbereitschaft umzusetzen, anzuschwellen, sich zu strecken und steif zu werden, wie es für den Paarungsakt nötig ist.

Die eigentlichen Attribute der Mannheit, die beiden Hoden sind drüsige Organe von eiförmiger, mäßig flachgedrückter Gestalt, an deren Rückseite sich die länglichen, spangenförmigen Nebenhoden befinden; sie hängen an den Samensträngen nebeneinander am Grunde des Hodensackes und bedingen den Geschlechtscharakter des Mannes. Von der Zeit der beginnenden Mannbarkeit an bilden sich in ihnen Tausende von Samenfäden (Spermatozoen), welche sich in den unterhalb der Harnblase liegenden Samenbläschen, darin sich eine schleimige Flüssigkeit, der Same, befindet, sammeln; bei dem Begattungsakte oder sonst auch bei heftiger geschlechtlicher Erregung, wohl manchmal unbewußt während mit sinnlichen Bildern erfüllten Träumens im Schlafe wird der Same aus den Samenbläschen durch einen in die Harnröhre mündenden Gang entleert und aus der Harnröhre entschleudert. Der für die Fortpflanzung, für die Erhaltung der Art wichtigste Bestandteil des Samens sind die Samenfäden (Spermatozoen), die männlichen Keimzellen; an ihr Vorhandensein und an ihre Beweglichkeit ist die Befruchtungsfähigkeit des Mannes geknüpft; etwa $^1/_{20}$ Millimeter lange, also nur mikroskopisch wahrnehmbare Gebilde sind sie, zeigen ein verdicktes Kopf- und ein geißelartiges, nach allen Richtungen frei bewegliches Schwanzende, mittels dessen sie sich recht schnell fortzubewegen vermögen. Zur Übertragung des Samens in den weiblichen Geschlechtsapparat dient das männliche Glied (Rute, Penis), dessen Schwellgewebe rasch große Mengen Blut in sich aufzunehmen und zu stauen vermögen, wodurch dasselbe bedeutend an Umfang zunimmt und einen erheblichen Grad von Festigkeit und Starrheit mehr-minder häufig, für mehr-minder lange Dauer erreicht; diese für den Zeugungsakt unerläßliche Funktion (Erektion), welche von dem Nervengeflechte des Beckens ausgelöst wird, stellt sich erst in der Pubertätszeit ein und kann bis in ein hohes Alter erhalten bleiben.

Die anatomischen und physiologischen Vorgänge, die sich während der Reifezeit in den männlichen Zeugungsorganen abspielen, senden intensiv wirkende Reize zum Gehirn, wecken allerlei sinnliche Eindrücke und Vorstellungen und drängen zur Befriedigung geschlechtlichen Bedürfens und Lustgefühls. Der Geschlechtstrieb, einer der machtvollsten Lebenstriebe, loht mit elementarer, instinktiver Gewalt empor und strebt auf vielfach verschlungenen Wegen, in vielgestaltiger Äußerungsform, in buntem Wechsel von Gefühlen dem einen Ziele zu: Eroberung des Weibes!

Mit der zunehmenden körperlichen Kraft des Jünglings wächst sein Mannesbewußtsein und die Energie des Paarungsdranges. Unwiderstehlich wird die Hinneigung zum weiblichen Geschlecht, uneindämmbar das Streben, mit ihm in Berührung zu kommen, drangvoll das Verlangen, mit ihm Umgang zu pflegen; das Wachen wird von solchem Sinnen und Trachten durchsetzt, das nächtens oft in träumender Schwüle zur Lösung gelangt. Auch bis zur Qual kann diese Begierde sich steigern, und die im Schlafe unwillkürlich erfolgenden Samenergüsse (Pollutionen) vermögen fast zu einem Leiden zu werden.

Die Gefühle der Liebe, welche sich des Jünglingsherzens bemächtigen, sind gewiß nicht ausschließlich sinnlicher Art, doch immer — bald mehr, bald minder bewußt — von geschlechtlichem

Begehren geleitet. In Platons „Gastmahl" ist die Rede von einem zweifachen Eros, der eine ist der Sohn der Venus Urania, während der gemeine Eros von der gemeinen Aphrodite abstammt; allein ob himmlisch oder irdisch, ist die Liebe doch stets die Wirkung eines Eros. — In der Schwärmerei für die Schönheit der geliebten Person, für ihr liebliches Antlitz mit den ausdrucksvollen Augen, mit dem „lockenden" Mund, dem „betörend" holden Lächeln, für ihre klangvolle Stimme, für ihren Wuchs, die Anmut ihrer Bewegungen, für ihre Klugheit, ihren reinen Sinn, für ihre Wahrheitsliebe und Herzensgüte — verzückt, wie etwa der junge Dante für seine Beatrice schwärmt — glimmt doch auch immer ein starker Funke von Begehrlichkeit nach dem körperlichen Besitz. Ob die Liebe keusch bleibt oder nicht, hat seinen Grund keineswegs in dem Fehlen oder Vorhandensein gewaltig wirkender Geschlechtlichkeit —, denn normalerweise besteht das sinnliche Begehren von seiten des gesund-kräftigen jugendlichen Mannes eben ausnahmslos —, sondern darin, ob sich der Befriedigung der Sinnenlust bedeutsame Hindernisse in den Weg stellen, oder ob dies nicht der Fall ist. In der Schüchternheit des in Idealen schwelgenden Jünglings, auch in seiner rein ethischen Denkweise, wie in bewußter Enthaltsamkeit gegenüber sinnlichen Anfechtungen oder in der Furcht vor etwaigen Folgen, wohl auch in kühl berechnender Erwägung kann das Hemmnis für die Nichtbefriedigung liegen, häufig jedoch an der Unnahbarkeit oder dem Widerstande des geliebten weiblichen Wesens.

Torheiten, Irrungen, übertriebene Romantik sind häufige Begleiterscheinungen des psychischen Schwankens, das in dieser Sturm- und Drangzeit aus dem Stritt zwischen den treibenden Kräften geschlechtlichen Verlangens und den höheren geistigen Strebungen nach Wissen, nach zukunftsreichen Lebenswerten erwächst, und das bei ausreifender Männlichkeit rasch überwunden wird.

Die äußeren Einflüsse, unter denen der zu voller Mannheit

sich entwickelnde Jüngling lebt, bestimmen gar oft für alle Zukunft das Maß seiner Geschlechtlichkeit. Von der Beschaffenheit seiner Umgebung — soziale und intellektuelle, materielle und ethische Unterschiede —, von den seine Erziehung und Ausbildung Lenkenden, von der Art seines Freundeskreises, von seiner Beschäftigung und Arbeit hängt es ab, nicht zuletzt von seiner Veranlagung und von seinem Charakter, in welcher Richtung sich sein Geschlechtstrieb entfaltet und Bahn bricht. Ist auch der Geschlechtstrieb des Mannes von großer, vorstürmender Gewalt, weitaus mehr sinnendiktierter „Begattungs- und auf den in erregtem Zustande befindlichen Geschlechtsteil gerichteter Abschwellungstrieb", als „Fortpflanzungstrieb" im eigentlichen Sinne des Wortes, so kann er doch durch vernunftgebotene Vorstellungen und Willenskraft auf ein weniger anspruchsvolles Maß beschränkt, in Beherrschtheit, Selbstzucht, kluger Zurückhaltung und ethischem Bewußtsein eingedämmt werden, so daß Körperkraft, Geistesfrische und Gesundheit blühend erhalten bleibt; es kann der Geschlechtstrieb aber auch hemmungslos zu Exzessen, zügelloser Ausschweifung führen, zu einem hohnvollen Zerrbild der Liebe ausarten, und alle Schranken der Gesittung und Scham niederreißend in unbezähmter Leidenschaft und Grausamkeit toben und so den jungen Mann jeglicher moralischer Lebensauffassung und des Verantwortlichkeitsgefühls berauben, ihn zu Willensschwäche, seelischer Armut und krasser Selbstsucht, möglicherweise auch zu körperlichem Verfall, zu Zeugungsminderwertigkeit und -unfähigkeit treiben.

Für sein eigenes Leben, für das Gemeinsamkeitsleben mit der künftigen Lebensgefährtin, für das Leben seines dereinstigen Nachwuchses ist es des reifenden Mannes verantwortungsreiches Gebot, sich mit überlegter Strenge, mit Selbstzucht und in klug bedachtem Weitblick zu starkem Pflichtgefühl zu erziehen und sich zu wappnen gegen die Gefahren, die seiner Gesundheit an Körper und Geist durch allzu sorgloses Frönen der Göttin Venus drohen.

Und mannigfache, oft gar tückische Bedrohungen lauern dem seelischen und körperlichen Wohle des Mannbaren auf. Sie zu kennen erleichtert ihm den wirksamen Kampf mit ihnen.

Die aus den Vorgängen am Genitale des mannwerdenden Knaben hervorwirkenden Reize können ihn zuerst in spielerischem Instinkt oder durch verderbliches Beispiel; dann mit beabsichtigtem Wollen zur künstlichen Reizung des Gliedes, zur Selbstbefleckung (Onanie) verleiten, was zu dauernder, schlimmer Gepflogenheit ausarten und — in Unmäßigkeit geübt — häufig schweres Übel nach sich zu ziehen vermag. Bei, durch lange Zeit in übertriebener Weise der Onanie ergebenen Männern stellt sich allgemeine Lässigkeit, Gleichgültigkeit, ja Unlust gegen alle andersartigen Genüsse, ob geistige oder sportliche, ein; sie verwirkt die Freude, an harmloseren Unterhaltungen teilzunehmen, sich in planvollem Streben zu betätigen, sie leitet zu Elendgefühl, des weiteren zu ständiger, innerlicher Unruhe und mürrischer Unsicherheit, wohl manchmal auch zu verzweifelnden Stimmungen, nicht gar zu selten zu dem beängstigenden Gedanken, einen naturgemäßen Geschlechtsverkehr und gleicherweise eine Heirat nicht wagen zu dürfen, aus Furcht, der sexuellen Pflichten nicht gerecht werden zu können. Diese Angst ist nicht ganz unbegründet, denn öfters hat die Begattungs- und Zeugungsunfähigkeit des den Jünglingsjahren Entwachsenen ihre Ursache in der Jugendsünde maßlos betriebener Selbstbefleckung.

Auch übermäßig häufig vollzogener Beischlaf, namentlich in jenem Alter, da der Körper des zwar schon geschlechtsreifen Jünglings noch im Wachstum begriffen ist, lähmt mit der Zeit Tatkraft und Unternehmungsgeist und schwächt den ganzen Organismus; das rächt sich später an den Fähigkeiten und Eigenschaften des Erzeugers, es rächt sich an den von einem geschwächten Vater stammenden Gezeugten! Und wenn Eros vorzeitig streikt, so hat dies der Mann nicht selten der

Unmäßigkeit des Geschlechtsgenusses in seinen Jugendjahren zu danken.

Der Geschlechtsverkehr mit lüsternen, just nach ganz jugendlichem Liebesfeuer verlangenden, oft nicht mehr gar zu reizvollen Frauen, mit Dirnen, leichtsinnig verderbtem Weibsvolk vergiftet nicht allein den guten Geschmack, das Selbstbewußtsein und den Stolz, er mordet auch die Achtung vor der echten und wahrhaften Weiblichkeit —; das hat dann manchmal die künftige Gattin bitter zu büßen.

Doch nicht nur ethische Werte versinken in dem Schmutze solchen Umganges, er ist auch der gefährlichste Quell für die schreckensvollen Geschlechtskrankheiten.

Zu Unrecht gilt der Harnröhrentripper (Gonorrhoe) als verhältnismäßig harmloses Leiden; mögen seine Krankheitszeichen durch sachgemäße ärztliche Behandlung auch ziemlich rasch vertrieben werden, so können doch ganz geringe, in unzugängliche Schlupfwinkel sich verkriechende unheilvolle Reste dieser manchmal nicht völlig ausgeheilten Krankheit noch nach vielen Jahren die Genossin geschlechtlicher Freuden, die Lebensgefährtin in dauernd schweres Siechtum treiben, daran die, in solchermaßen verseuchtem Schoße gezeugten Kinder nicht selten arg zu leiden haben. Und nur allzu häufig trägt an der Trauer um versagt gebliebenen Kindersegen der Mann schuld, dem das einst eingedrungene Trippergift die zur Zeugung unentbehrlichen Samenfäden zerstörte.

Unendlich Schlimmeres noch verschuldet die Lustseuche (Syphilis). Zwar hat die medizinische Wissenschaft gerade in den letzten zwei Jahrzehnten ungemein hoch zu würdigende und dankenswert erfolgreiche Fortschritte in der Bekämpfung, Behandlung und Heilung dieser grausamsten Menschenheimsuchung erarbeitet, doch aus der Welt vermag sie dieses unsäglich unheilvolle, durch den Krieg unheimlich weitverbreitete Leiden, das alle Organe des Körpers in seinen verderbenbringenden Bereich zu ziehen vermag, nicht zu schaffen, noch seine, das Menschengeschlecht schwer geißelnde Folgen ganz zu bannen. Wehe dem unschuldigen Kinde, das einen syphilitischen Vater hat, der ihm oft qualvollste Bresthaftigkeit als düstere Gabe mit in die Wiege legt. Wie zu tiefst beklagenswert die arme Frau, der sich ein Syphilitiker vermählte, welcher ein Füllhorn von Leid und Schmerz über sie auszustreuen vermag.

Ein einzig, unfehlbares Mittel gibt es für den Mann, den Gefahren einer Behaftung mit Geschlechtskrankheiten wirksam zu begegnen: geschlechtliche Enthaltsamkeit bis zur Ehe!

Was von schädigenden Einflüssen und Folgezuständen der Enthaltsamkeit des jugendlichen kräftigen Mannes vom Geschlechtsgenusse hier und dort berichtet wird, ist zumeist unzutreffend, zumindest erheblich übertrieben; feststehend ist und bleibt es, daß — selbst in der Annahme, es könnten gewisse unbedeutende psychische und nervöse Schädigungen oder etwa der Hang zur Selbstbefleckung aus der geschlechtlichen Enthaltsamkeit hervorgehen — diese Folgen gegenüber den schweren Gefahren der stets infektiösen Geschlechtskrankheiten zu einem kleinen Nichts zusammenschrumpfen.

Natürlich heißt es ein oft übermenschlich großes Maß an Selbstverleugnung und Selbstzucht, sowie Verstandesmäßigkeit fordern, predigt man dem in der Kraftfülle seiner überschäumenden Säfte strotzenden reifenden Manne geschlechtliche Enthaltsamkeit, während sein Dämon Geschlechtstrieb ganz anderes will und verlangt. Immerhin gab es und gibt es normal fühlende und normal geschlechtlich veranlagte Männer — ihre Zahl ist sogar größer, als man gemeinhin annimmt —, die in selbstüberwindender Entschlossenheit und mit dem Mute der Überzeugung sich des geschlechtlichen Verkehrs bis zur Eheschließung vollkommen enthalten. In den furchtbaren Kriegszeiten lernten viele junge

Männer schwere Bürden auf sich zu nehmen und klaglos sogar Notwendigstes zu entbehren; vielleicht ist der Wille so mancher von ihnen derart gestählt aus dieser unsäglich harten und ernsten Lebensschule hervorgegangen, daß sie — immer wieder durch Belehrung dazu angehalten, auf das vielversprechende Gute sinnvoll hingelenkt, das daraus entsprießen muß — auch geschlechtliche Enthaltsamkeit in frei übernommener Pflicht zu üben imstande wären. Solches wäre ein, gewaltige Wirkungen und Folgen zeitigendes Ethos, dem vor allem gewiß in vielen Fällen der Entschluß, schon in verhältnismäßig jungen Jahren zu heiraten, entspringen würde, und dem auch die nächste Generation hohe Werte zu danken hätte. „Geschlechtliche Enthaltsamkeit auch für den Mann bis zum Eintritt in die Ehe“ sollte das Schlagwort unserer heutigen männlichen Jugend sein, deren Pflicht es gegen ihre Nachkommen, gegenüber dem Staate ist, alle Kräfte zusammenzuhalten und nur in zweckmäßigster Weise zu verwerten, um die Scharten auszuwetzen, die der Weltkrieg in die Völker riß.

Wo allzu stürmisches Temperament und heißes Blut, unzureichende Willensfestigkeit oder Uneinsicht, mag sein auch wirklich andersgestaltete Ansichten und Lebensprinzipien den Jüngling geschlechtlichen Genusses nicht entraten lassen, muß er in seiner brünstigen Gier doch mindest so viel Besonnenheit bewahren, daß er die primitiven Gebote der Vorsicht befolgt, sich allergrößter Reinlichkeit befleißigt und jene Schutzmittel beim außerehelichen Geschlechtsverkehr anwendet, welche immerhin die Wahrscheinlichkeit einer Ansteckung mit Geschlechtskrankheiten erheblich herabsetzen. Mit dankenswertem, unverdrossenem Eifer haben es die Hygieniker dahingebracht, solche Schutzmittel in ständig fortschreitender Verbesserung herstellen zu lassen und dieselben in möglichst leicht zugänglicher Weise erhältlich zu machen.

Wen aber das Mißgeschick ereilte, an einem Geschlechtsleiden zu erkranken, dessen unweigerliche Pflicht gegen sich selbst, gegen seine Mitmenschen und gegen seine etwaigen Nachkommen ist es, je eher sich einem Spezialarzte anzuvertrauen und seine Ratschläge gewissenhaft zu befolgen, so lange in seiner Behandlung zu bleiben, als es von ihm für notwendig erachtet wird. Jeder Geschlechtskranke, der dies verabsäumt, ist ein Verbrecher an der Menschheit, nicht nur an der bereits existierenden, auch an der erst kommenden! Und jeder Geschlechtskranke, der — ohne von seinem Arzte als so weit geheilt befunden zu werden, daß er ohne Gefährdung des anderen Teiles wieder den Geschlechtsverkehr aufnehmen dürfe, — geschlechtlichen Genüssen huldigt, ist ebenso ein Verbrecher an der Menschheit. Auch nach seiner Entlassung aus der ärztlichen Behandlung, nach seiner „Heilung", muß er sich von Zeit zu Zeit zwecks Überprüfung seines Gesundheitszustandes wieder beim Arzte einfinden; grundsätzlich aber dürfte keiner, der einmal eine Geschlechtskrankheit erworben hatte, ohne vorherige ärztliche Befragung und Erlaubnis in die Ehe treten und das Amt der Vaterschaft auf sich nehmen.

Wer jemals den erschütternden Anblick hatte, den manche syphilitische Kinder mit ihren qualvollen Leiden, mit ihrem, einem frühen Tode geweihten, elenden Körper bieten — ihre Zahl in den Kinderkliniken und den sonstigen Krankenanstalten für Kinder ist unheimlich groß! —, der wird Forels Gebot der sexuellen Moral: „Du sollst durch deinen Sexualtrieb und durch deine sexuellen Taten weder den Einzelnen noch vor allem die Menschheit schädigen, sondern das Glück beider fördern" gewiß beherzigen.

Weitaus grundstürzender, als beim jungen Manne, sind die Entwicklungsänderungen der zur geschlechtlichen Reife heranwachsenden Jungfrau, tiefgreifender die Umgestaltung des ganzen Organismus, der sich nun allmählich auf die Naturbestimmung des Weibes als künftige Mutter einstellt.

In den mitteleuropäischen Landen tritt das Mädchen durchschnittlich zwischen dem 13. und 15. Lebensjahre in die Reifezeit ein, in Ägypten beginnt die Geschlechtsreife bereits ungefähr im 10. Lebensjahre, in manchen nordischen Gegenden aber beiläufig erst im 16. bis 18. Lebensjahre.

Die bislang eckige Gestalt des jungen Mädchens wandelt sich in der Pubertätszeit zu weicheren, schmiegsameren Formen, in die Gesichtszüge kommt Rundung und sanfte Fülle, die Linie vom Halse zu den Schultern nimmt gefällig umrissene Biegung an. In dem vorher unausgeprägten Körperbau kündigen die hervortretenden „sekundären Geschlechtsmerkmale“ den Vorgang des Reifens: die Brüste schwellen, die Hüften wölben sich, die Schenkel und die Taille gewinnen anmutsvollen Schwung, das Becken wird breiter, das Haarkleid an der Scham und in den Achselhöhlen wächst üppig, die Bewegungen des Körpers werden gelenkiger, der Gang wird leicht wiegend.

Vor allem aber rüttelt das Eintreten der monatlich sich wiederholenden Blutung aus den Geschlechtsteilen an dem Grundempfinden der reifenden Jungfrau. Dieser regelmäßig wiederkehrende Blutabgang (Menstruation) ist das wichtigste Merkzeichen der Reife des Keimes in den Eierstöcken und ist der Weckruf für die Erfüllung des weiblichen Urzweckes der Fortpflanzung.

Die das Weibwesen charakterisierenden Organe, die beiden Eierstöcke, sind zur Zeit der Geschlechtsreife abgeflachte, rundliche, im Beckenbindegewebe eingebettete, drüsige Körper von durchschnittlich 2½ bis 5 Zentimeter Länge, 1½ bis 3 Zentimeter Breite und ½ bis 1½ Zentimeter Dicke; sie enthalten eine ungemein große Zahl von Bläschen (Follikel), welche sich in wechselnder Folge vergrößern und eine klare eiweißhaltige Flüssigkeit, sowie das reifende Ei in sich bergen, das einen ungefähren Durchmesser von $^1/_5$ Millimeter hat. Angewachsen zu Mohnkorn-, ja bis zu Erbsengröße, drängt sich solch ein Bläschen mit seinem Inhalte an die Oberfläche des Eierstockes und entleert — wenn es berstet — das reife Ei durch die Rißstelle in den Eileiter, von wo es in die Gebärmutter gelangt. Diese Ausstoßung eines Eies (manchmal gleichzeitig auch zweier, selten aber mehrerer Eier) aus dem Eierstocke ist ein rhythmisch in gewissen Zeitabschnitten sich wiederholender Vorgang (Ovulation).

Der Fruchthalter (Gebärmutter, Uterus) nimmt in der Geschlechtsepoche der Reife nicht allein an Umfang zu, vielmehr ändert er auch seine Form wie seinen Gerüstbau; die Muskulatur desselben wird mächtiger, die Gestaltung seiner inneren Höhlung und die, diese letztere auskleidende Schleimhaut paßt sich der mütterlichen Bestimmung an. In ständigem Wechsel befindet sich der Zustand der Gebärmutterschleimhaut, in wellenförmig ansteigender und wiederum abklingender Blutfülle, mit Abstoßung der obersten Schichte, sowie nachheriger Neuherstellung derselben bis zu blutstrotzender Schwellung, in inniger Beziehung zu dem allmonatlich erfolgenden Blutfluß stehend.

Meist gleichzeitig, nicht aber erweislich von ihr bedingt, geht mit der — größtenteils nach je einem Vierwochen-Zeitraum neuerdings erfolgenden Berstung eines Eierstockbläschens und der dadurch herbeigeführten — Ausstoßung eines reifen Eies (Ovulation) auch die Blutausscheidung aus der Gebärmutterschleimhaut (Menstruation) einher, welch letztere an die Einwirkung von seiten des zentralen Nervensystems und an regulatorische Vorgänge in der Blutzufuhr gebunden scheint.

Die Scheide (Vagina) eines jungfräulich erwachsenden Mädchens stellt ein schlauchförmiges, in seinem Inneren vielfach gefälteltes, mit Runzeln versehenes Organ dar, das an seinem äußeren Endteil von dem Jungfernhäutchen (Hymen), in welchem sich eine kleine, oft unregelmäßig, halbmond- oder ringförmig umgrenzte Öffnung befindet, abgeschlossen wird.

Die äußeren Geschlechtsteile der zur Reife heranblühenden Jungfrau vervollkommnen sich mit einem stärkeren Fettpolster, die großen Schamlippen, aus deren Talgdrüsen eine spärliche Flüssigkeit abgesondert wird, schließen gut aneinander und bedecken die zarten, rosaroten kleinen Schamlippen. Das weibliche Wollustorgan (Clitoris) ist in der Reifeepoche bereits vollkommen entwickelt.

Von dem Geschlechtsorgane und den in demselben sich in rhythmischem Wechsel abspielenden Reifungsvorgängen strahlen mächtig bewegende Regungen zum Hirn und lösen eindringlich wirkende Empfindungen aus, welche der heranreifenden Jungfrau die Erkenntnis ihrer weiblichen Geschlechtlichkeit aufzwingen, ihr Seelenleben in den Bannkreis dieser Erkenntnis ziehend.

In dem Gefühlsleben des zum Weib-Ahnen erwachsenden Mädchens tönt oft Religion, Poesie und Erotik in seltsamem Dreiklang zusammen, dessen Schwingungen in scheuer Stille, Schwermut, phantastischer Schwärmerei und Launenhaftigkeit zum Ausdrucke gelangen. Jähes Erröten färbt die Wangen, gar häufig zu Verdruß, die Empfindlichkeit ist höchlichst gesteigert, ein Wort des Vorwurfs oder Tadels kann verzweifelte Stimmung, ein Wort der Liebe oder des Lobes Entzücken oder auch unerklärliches Schamgefühl bringen; Lässigkeit wechselt mit übersprudelnder Beweglichkeit und Lebhaftigkeit, Lachen und Singen mit Weinen und Träumen. Alles scheint in Unordnung und Verwirrung in der noch wirklichkeitsfremden Seele, welche in dem schon zur Naturerfüllung erwachenden Körper schlummert. Erst mit dem Entfalten zur Vollblüte, wenn keusches Wissen das Walten der Geschlechtlichkeit zu deuten vermag, kommt die Lebensführung wieder in gutes Gleichgewicht.

Mit Staunen und Spannung, mit einer Mischung von heimlichem Stolz und heimlicher Angst sieht die Jungfrau den wachsenden Schmuck ihres Körpers: wallende Fragen ihres Leibes heischen Antwort, und in geheimnisvollem Zagen schlingt sich in das Ahnen wissendes Erkennen, zu welch Wunderbarem die Natur den Leib des Weibes erkoren hat. Ein sehnendes Verlangen durchströmt die Jungfrau nach werdereichem Schaffen in der Wunderwerkstatt ihres Innersten. Erotische Vorstellungen, Visionen von herrlicher, erlösender Männlichkeit — oft in die Gestalten jener Personen hineingeheimnißt und gedrängt, welche das Schöne, das Gute, das Erhabene künden und vermitteln: Lehrer, Schauspieler, Schriftsteller, Maler — entfachen noch unbestimmte Lustgefühle. In die duftigen Schleier mädchenhafter Schwärmerei eingehüllt, sprühen Neigungen zum anderen Geschlechte auf — der Geschlechtstrieb erwacht.

Weit öffnen sich dem jungen Weibwesen die Tore der Erkenntis, daß es zwei Welten gibt: die eine, worin es bisher mit seinem ganzen Fühlen weilte, bei Eltern, Geschwistern und Freundinnen, — die andere, neue Welt der Zukunft, in welche es sein hingebungsvolles Wünschen nach liebkosender Zärtlichkeit, sein lockend reifer Leib in Erwartung der Erfüllung weiblichen Schicksals mit all seinem Glück und innerem Reichtum drängt, — dem Manne zu!

„Als die Natur den Geschlechtstrieb schuf — sagt E. Key —, da wandelte ihn die Frau in Liebe um, und als die Notwendigkeit die Wohnstätte hervorrief, da schuf die Frau daraus ein Heim. Ihr Kultureinsatz war die Zärtlichkeit. Darin liegt ihr Gegenwert zu dem Werte des Mannes."

Wie sich die frühen Regungen des Geschlechtstriebes weiter gestalten, ob sie in naturgemäßen Geleisen bleiben, in reiner, echter Schamhaftigkeit sich einhüllen oder eine, in angefachter Sinnlichkeit die Dämme der Gesittung wild durchbrechende Steigerung erfahren, das hängt auch beim Mädchen von der Wertigkeit seiner Umgebung ab, in der es lebt und sich entwickelt, von seiner ererbten Veranlagung und von seiner Erziehung zur Selbstachtung und Selbstbeherrschung.

Gar viel wurde in den hervorragenden ärztlichen Fachkreisen schon darüber hin und her gestritten, ob der Geschlechtstrieb des Weibes minder stark sei, als der des Mannes. Im allgemeinen ist die Annahme wohl begründet, daß hierin zwischen den beiden Geschlechtern kein großer Unterschied besteht; allerdings gelangt er in der Weibnatur mit geringerer Elementargewalt zum Ausbruch als in der Mannatur, und muß mehr geweckt werden; auch mag zugegeben werden, daß er mit seiner vollen Kraft bei der Frau erst dann einsetzt, wenn schon einmal ein geschlechtlicher Verkehr stattgefunden hat; sicherlich zeigt er aber beim Weibe eine deutlich ausgesprochene Neigung zu zeitlichen Schwankungen seiner Heftigkeit, was wohl mit der Menstruation, mit den sich in rhythmischem Wechsel vollziehenden Vorgängen im Geschlechtsorganismus der Frau zusammenhängt. Auch sind die individuellen Unterschiede und die Unterschiede in den entsprechenden Lebensperioden des Weibes bezüglich des Geschlechtstriebes unverkennbar ausgeprägter als beim Manne, so daß man sogar von einer Periodizität des weiblichen Geschlechtstriebes sprechen kann.

Das körperlich unberührte, wohlerzogene, gut veranlagte und in vernünftiger Weise über die geschlechtlichen Vorgänge aufgeklärte junge Mädchen ist nur von einem unklar sehnenden Wünschen nach Liebe und Hingabe erfüllt, doch — trotz bewußter Weibgeschlechtlichkeit — von keinem zwangvollen Begehren nach rein körperlicher Lust, nicht von mächtig wirkender Sinnlichkeit getrieben; Sinnen und Trachten nach Liebeskampf und Freude an solchem Kampfe ist dem keuschen Mädchen in der Reifezeit ein noch fremder Begriff. Erst die Verführung durch unsittliche Kameradinnen und verderbte Frauen, der frühzeitige Umgang mit skrupellosen Männern, welche mit allen Künsten in den jugendlichen Mädchenseelen Sinnenlust anzufachen sich mühen, vermögen die angeborene Sittlichkeit und die züchtige Schamhaftigkeit eines jungfräulichen Mädchens triumphierend in die Flucht zu schlagen und eine wildbrandende geschlechtliche Begehrlichkeit dorthin zu pflanzen, wo von Natur aus auf dem Boden inniger Liebe in gesunder Körperlichkeit bloß der Wunschdrang nach treuem Angehören dem einen, auserwählten Manne gewachsen wäre. Ebenso können verschiedene andere Einflüsse wirken, wie das Lesen wertloser, nur auf die Erregung niedriger Instinkte berechneter Bücher, der Besuch laszivet Theaterstücke, die Beteiligung an geselligen Unterhaltungen, bei denen sich unter dem Deckmantel der Devise „freie, zwanglose Natürlichkeit" oft zynische Lüsternheit birgt.

Infolge des ganzen Charakters der weiblichen Empfindsamkeit überwiegt im allgemeinen das Gefühl der seelischen, an eine bestimmte Person gebundenen Zuneigung bei weitem die grob sinnliche Triebhaftigkeit, so daß das reifende Mädchen schon aus diesem Grunde minder Anfechtungen seines Geschlechtstriebes und auch minder Gefahren für die künftige Mütterlichkeit ausgesetzt ist. Doch gibt es darin — wenngleich nur verhältnismäßig selten — auch kraß gegensätzliche Mädchentypen.

Örtliche Reizungszustände an den Geschlechtsteilen, oft besonders vor und nach dem monatlichen Blutfluß, mögen hie und da Anlaß zur Berührung der Scham geben, wobei ein wollüstiges Regen zufällig dabei einmal durch den Körper zittern kann; solch ein, vielleicht unerwartetes und unbeabsichtigtes Erlebnis, aber auch andere Einflüsse, Verführung durch Freundinnen, Nachahmungstrieb usw. verleiten gar nicht selten ein temperamentvoll veranlagtes, von üblen Beispielen umgebenes Mädchen — in diesem Belang verschulden Mädchenpensionate, das Zusammenleben ganzer Proletarierfamilien in einem einzigen Wohnraume gar vieles — dazu, sich derlei geheimnisvolle Freuden selbst zu bieten.

Schwerwiegende Folgen vermag solche Gewöhnung an die Selbstbefriedigung (Masturbation) nach sich zu ziehen. Aus den durch sie entstehenden Störungen, wie weißer Ausfluß aus der Scheide infolge von allerlei Entzündungserscheinungen, welche sich durch die heftige Schleimhautreizung und Verunreinigungen entwickeln können, nervöse Zustände: Kopfschmerz, Herzklopfen, Schlafmangel, Müdigkeit, ergibt sich nicht selten im Laufe der Jahre eine allgemeine Schwächung des Organismus, welche zum Schaden für den Nachwuchs gereichen kann. Auch ist es durchaus nicht von der Hand zu weisen, daß dem in Übermaß und dauernd der Masturbation huldigenden Mädchen dadurch die Fähigkeit des Lustempfindens bei der natürlichen Geschlechtsbefriedigung durch den Mann arg geschmälert wird oder gar verloren geht; und nach Ansicht vieler ärztlicher Autoritäten soll auch das Lustempfinden beim Geschlechtsakte von Einfluß auf die Empfängnis, also auf die Fruchtbarkeit sein; in solchem Sinne vermag dann jugendlich unbedachtes Sündigen sich an der reifen Frau bitter zu rächen.

Die Natur hat bei dem Geschäfte der Fortpflanzung dem Weibe die weitaus größere Opferwilligkeit erfordernde Rolle zugewiesen; ihm bringt der Genuß geschlechtlicher Freuden nicht nur wollüstiges Aufgehen der Sinne, wie dem Manne, vielmehr auch alle Folgen der Empfängnis: die Mutterschaft. Dies Auswirken kurzen Sinnenrausches in die Heiligkeit keimenden neuen Lebens in dem mütterlichen Schoße bewahrt das herangereifte Mädchen zumeist auch vor den Torheiten unwürdigen geschlechtlichen Verkehrs, der ihm ja nicht allein die im momentanen Taumel aufgepeitschten Lüste befriedigt, sondern ihm auch die Mutterschaft bringen kann, zu welcher doch nur fraulich tief empfundene Liebe, nicht aber Augenblicksstimmung führen soll. Und sind es schon nicht ethische Bedenken, so sind es doch praktische Erwägungen, welche das Mädchen vielfach vom ersehnten oder gerade sich bietenden geschlechtlichen Verkehr abhalten: die Minderung seines persönlichen Anwertes infolge eines Fehltrittes, die Herabsetzung seiner Heiratsfähigkeit, die Widerwärtigkeiten einer unehelichen

Schwangerschaft, die trüben Zukunftsaussichten für ein illegitimes Kind. — So sind denn auch die bedrohlichen Gefahren der schreckensvollen Geschlechtskrankheiten, welche der Mann mit dem Vorteile unbeschwerteren Befriedigungsgenießens und dem Nützen dieser Schicksalsgunst gar oft mit einzuheimsen hat, im allgemeinen weiter aus dem Bannkreis der heranwachsenden weiblichen Jugend gerückt.

Ein beachtenswertes „Frauenmerkblatt" hat die „Deutsche Gesellschaft zur Bekämpfung der Geschlechtskrankheiten" ausgegeben: „Seid stets auf eurer Hut, daß nicht eine einzige Stunde des Rausches euch um Ehre, Gesundheit, Arbeitsfähigkeit und Lebensglück bringt! Verschließt euer Ohr dem Zureden kupplerischer Frauen. Diese Frauen finden ihren Vorteil in eurem Verderben! Seid mäßig beim Genuß von Bier und anderen berauschenden Getränken oder vermeidet sie besser ganz, insbesondere bei jedem Zusammensein mit Männern, vor allem beim Tanz! Sollt ihr euch doch einmal einem Manne hingegeben haben, so müßt ihr auf nachteilige Folgen, die daraus erwachsen können, stets gefaßt sein. Beobachtet alsdann euren Körper lange Zeit auf das sorgfältigste. Stellen sich Zeichen der Schwangerschaft ein, so offenbart euch sofort einer wohlgesinnten Frau. In allen größeren Städten gibt es auch Vereine, die einem Mädchen in dieser Lage helfend zur Seite stehen, die auch zwischen ihr und ihren Eltern, sowie dem Verführer vermitteln. Ein Brennen und Jucken in den Geschlechtsteilen, vor allem ein vordem nicht beobachteter Ausfluß lassen auf eine Erkrankung an Tripper (Gonorrhoe) schließen. Bei jeder Hautabschürfung und jedem Knötchen oder Geschwür an den Geschlechtsteilen, bei allen Hautausschlägen und Halsentzündungen ist an Ansteckung mit Syphilis zu denken. Bei diesen Anzeichen, die oft erst nach drei bis vier Wochen auftreten, geht sofort zum Arzt!"

An den Bildnern der Jugend ist es, Aufgabe belehrender Vorträge und Schriften, den Reifenden beider Geschlechter Ausschau zu gewähren weit hinaus über die Sturm- und Drangzeit mit ihren oft chaotisch durcheinander wirbelnden Empfindungen und Wünschen weg in die Zukunft; denn Unbeherrschtheit in der Reifezeit vermag oft die höchsten Lebensgüter zu verscherzen; pflichtvolle, kluge und bedächtige Herrschaft über die Sinnlichkeit vom Anbeginn der Reife setzt hingegen das Genießen schönster Wert als Lohn.

In den Reifenden beider Geschlechter soll der körperlich-sinnliche Trieb durch die geistige, seelische Liebe veredelt, durch zweckvolles, arbeitsfrohes und -reiches Tagverbringen zurückgedrängt werden. In die jugendlichen Seelen soll der Gedanke eingepflanzt werden, daß die Liebe im Sinne der Geschlechtsneigung nur auf eine bestimmte Person des anderen Geschlechtes gerichtet sein dürfe und den Drang zur Lustbefriedigung und die befriedigte Wollust überdauern müsse.

Über die seelischen Vorgänge der durch innige Gefühlsbetonung miteinander verbundenen Liebenden sagt Carpenter: „Die tiefe Aufregung der sexuellen Reife ist bei allen Männern, die eine gewisse Stufe der sittlichen Entwicklung erreicht haben, und sicherlich bei fast allen Frauen von einer gewissen Romantik und einer zärtlichen, sehnsüchtigen Empfindung für den Geliebten begleitet, Gefühle, die noch fortdauern und noch lange nicht vergessen sind, auch wenn die sexuelle Anziehung ihre erste Kraft verloren hat. Und das ist es, was in glücklichen Fällen die Basis einer Erscheinung bildet, die man fast einsgewordene Persönlichkeit nennen könnte."

In der körperlichen und geistigen Gesunderhaltung der Reifenden, der künftigen Väter und Mütter der nächsten Generation liegt eine der gründigsten Voraussetzungen für die Erzielung eines vollwertigen, hochentwickelten Nachwuchses. Hygiene des Leibes und Hygiene der Seele, mit Sorgfalt und Voraussicht auf die reifende Jugend angewendet, ist die beste Grundlage für den Aufbau eines ertüchtigten Geschlechtes.

Die körperlich-hygienischen Maßnahmen während der Pubertätszeit sollen einerseits allen Forderungen allgemeiner Gesundheitspflege gerecht werden, andrerseits auf eine Ablenkung von den Regungen des Geschlechtstriebes abzielen: Schlafen auf harter Bettstatt, Verbannung weicher Pfühle und wärmender schwerer Decken; Vermeidung jeglicher mechanischer Reizung der Geschlechtsteile, zum Beispiel durch allzu eng anliegende Kleidungsstücke; methodische Abhärtung des Körpers mit kalten Wasserwaschungen des Morgens und abends; Bewegung im Freien bis zur Ermüdung; Einschränkung der Fleischkost, Enthaltsamkeit im Alkoholgenuß, überhaupt von üppigen Mahlzeiten, zeitiges Aufstehen; vor allem: erfüllende Arbeit!

Besonderer Gesundheitspflege bedarf das junge Mädchen während der Menstruationsdauer: sorgfältigste Reinlichkeit, Waschen der äußeren Geschlechtsteile mit lauem Wasser, doch kein Gebrauch heißer Bäder! Turnen, große Spaziergänge, jeglicher Sport, auch das Tanzen müssen in diesen Tagen unterlassen werden; für eine geregelte Verdauung, sowie für eine entsprechende Verwahrung der äußeren Geschlechtsteile ist Sorge zu tragen.

So scharfumrissene Richtlinien wie für die körperliche Hygiene lassen sich freilich für die seelische Hygiene nicht aufstellen, da hierbei das individuelle Moment der einzelnen sozialen Schichten und innerhalb dieser wiederum der spezielle Charakter, gesonderte Auffassungen, mancherlei Gelegenheiten und Umstände eine große Rolle spielen. Im allgemeinen ist es ein Gebot der geistigen Hygiene, den Heranwachsenden eine richtige und rechtzeitige Aufklärung über alle Vorgänge der Menschwerdung zuteil werden zu lassen, in ihnen kein übertriebenes Schamgefühl zu wecken, damit sie nicht — wie die Sittlichkeitsfanatiker übelster Art — in allem Nackten Schamlosigkeit, in allem Geschlechtlichen Sündhaftes erblicken. Hier wird derlei Aufklärung besser im Hause, in gelegentlichem Gespräche, dort wiederum vorteilhafter in der Schule, beim Unterricht erfolgen, — das hängt jeweils von dem betreffenden sozialen Milieu ab; jedenfalls aber werden entsprechende Bücher darin wirkungsvoller sein, als das Dilettieren auch von bestem Wollen erfüllter Personen, die nicht über genügendes Urteil und Wissen verfügen.

Auf keinem Gebiete wird die verabscheuungswürdigste Heuchelei derart großgezogen, wie gerade auf dem sexuellen, weil der gesellschaftliche Unverstand noch immer an dem falschen Dogma festhält, die Geschlechtsliebe nach außen hin als etwas Verabscheuungswürdiges hinzustellen, jede offene Aussprache darüber als etwas Ungehöriges von sich zu weisen, in grellstem Gegensatze zu der tatsächlichen inneren Überzeugung, daß die geschlechtliche Liebe eine der natürlichsten Freudenspender und eine der bedeutsamsten Angelegenheiten im menschlichen Leben ist. Solche Dissonanz darf in der Jugend nicht zum Entstehen gebracht werden; die Geschlechtsliebe muß als etwas Reines, Naturgemäßes und Naturnotwendiges erkannt, als ebenso wichtige Lebensfunktion, wie die Nahrungsaufnahme, als etwas durchaus Sittliches gewertet werden. Und ohne Scheu soll über die schlimmen Folgen, welche ein „über die Strängeschlagen" nach welcher Richtung immer in der sexuellen Betätigung zeitigen kann, der Jugend Aufklärung geboten werden, ihr dargelegt werden, wodurch die „sittliche" Geschlechtsliebe „unzüchtig" werden, wodurch sie zu Unheil ausarten kann. Das ist ein Erfordernis der seelischen Hygiene!

Das Wunder der Schöpfung

Die Zeugung. — Die Entwicklung der kindlichen Frucht aus dem Furchungskern. — Die Befruchtung bei verschiedenen Lebewesen. — Die Paarung beim Menschen. — „Künstliche" Befruchtung.

Der fromme Psalmist preist den Herrn des Weltalls, den Gebieter über Leben und Tod, daß er „tagtäglich das Wunder der Schöpfung erneuert". Und wahrlich ein Wunder, unserem Begreifen unzugänglich, ist das Werden des Menschen!

Die in der ganzen Natur herrschende Urgewalt zur Fortpflanzung der Art zwingt die Regungen der Liebe und die Empfindungen geschlechtlichen Verlangens, die Sehnsüchte und Begierden beider menschlicher Geschlechter unter ihr gebieterisches Zepter. Das naturgegebene Streben zur Fortpflanzung, zur Schaffung eines neuen Lebens aus den beiden völlig ineinander lustvergehenden Ichwesen übernimmt oft — den beiden unbewußt — die Führung bei der Auswahl der Liebenden.

Zur Erfüllung ihrer Zwecke hat die Natur tief in den Menschen die zwingende Gewalt des Geschlechtstriebes gepflanzt. Beim Manne drängt sich eine stärker ausgeprägte Lustbetonung von Anbeginn seiner Reife, eine zügellosere Gier nach fleischlicher Vereinigung hervor, während bei der Frau das geschlechtliche Bedürfen — wenn auch im großen und ganzen ebenso stark, wie beim Manne vorhanden — inniger mit seelischem Empfinden, mit der Sehnsucht nach dem Kinde verknüpft ist. Der Mann hat einen mehr absoluten Geschlechtstrieb, er gibt sich mit der Befriedigung seines Verlangens nach dem Weibe zufrieden, der Wunschdrang nach Nachkommenschaft spielt bei ihm nur eine nebensächliche Rolle, wenn er überhaupt vorhanden ist; in der Frau lebt fast immer das instinktive Bewußtsein folgenreichen Nachwirkens ihrer geschlechtlichen Betätigung; muß sie doch mutvoll den Liebesgenuß mit beschwernisreichen und Verantwortung heischenden Opfern bezahlen und tut dies auch freudig, denn das Wünschen jeder wahrhaften Frau gipfelt ja darin, von dem geliebten Manne Nachkommen in die Welt setzen zu können. „Gib mir Kinder, sonst sterbe ich“, rief die eigensinnige Rahel ihrem Manne zu.

Bei dem zur Zeugung des Kindes notwendigen Akte der leiblichen Vermischung beider Geschlechter kommt dem Manne, entsprechend auch der Beschaffenheit seiner Liebesorgane, die aktive, provozierende Rolle zu, während das Weib der mehr passive, gewährende Teil ist. In dem männlichen Zeugungswerkzeug staut sich das vom leidenschaftserregten Herzen strömende Blut, daß das Glied aus den Impulsen heißen Sinnendranges zum Wahrzeichen stolzen Mannestumes anschwillt und einen solchen Grad von Festigkeit annimmt, um mühelos in die weibliche Scheide eindringen zu können; nur solchermaßen vermag der im höchsten Liebesparoxysmus aus dem männlichen Gliede entschleuderte Same an die geeignete Stelle des weiblichen Scheidengewölbes zu gelangen, von wo dann die männlichen Keimzellen, die Samenfäden, zu der im Fruchthalter verborgen ruhenden weiblichen Keimzelle, dem Ei, eilen.

Durch den zum ersten Male vollzogenen Begattungsakt verliert die Frau das Merkzeichen ihrer körperlichen Unschuld, indem die den Scheideneingang behütende Schleimhautfalte, das sogenannte Jungfernhäutchen (Hymen) von dem eindringenden Mannesgliede zerrissen wird. Der damit verbundene leichte Schmerz und die dadurch entstehende, meist ganz unbedeutende Blutung sind das erste Opfer, welches das unschuldige, reine Mädchen für ihre zärtliche Hingabe mit ihrem Körper darzubringen hat. Halbwissen oder Unkenntnis dieses Vorganges brachte gar manchen jungen Frauen schon Schreck und Unheil.

Sobald sich die Samenflüssigkeit des Mannes in das Scheidengewölbe der Frau entleert hat, bewegen sich zahlreiche Samenfäden (Spermatozoen) in energischem

Vorwärtseilen durch den Gang des zapfenförmigen Scheidenanteils der Gebärmutter in den das Ei bergenden Flimmerstrom der Wandung der Gebärmutterhöhlung. Ein einziger Samenfaden genügt zur Befruchtung eines Eies; dringt er in dieses ein, so beginnt aus der Verschmelzung dieser beiden kleinen Keimzellen — Samenfaden und Ei — sich ein neues Lebewesen zu entwickeln. Das durch den Samenfaden befruchtete Ei nistet sich sodann im Fruchthalter der Mutter ein, nährt sich neun Monate von ihrem Blute, formt und gestaltet sich und reift gemach zum Kinde aus.

Beim Eindringen des Samenfadens in das Ei treffen sich beiläufig in der Mitte des letzteren der männliche Samenkern und der weibliche Eikern, welche sich zu einem gemeinsamen Kern, dem Furchungskern, umbilden. Von diesem stammen dann all die zahllosen Zellenkerne ab, aus denen der neu erstehende kindliche Organismus zusammengesetzt ist, und aus denen er sich in zunehmendem Wachstum aufbaut. Die Schleimhaut des Gebärmutterkörpers, in welcher das sich dem Leben zu entwickelnde Gebilde ruht, wuchert mächtig und umwächst das aus dem Furchungskern entstandene Zellenbündel und bettet es sorgsam ein. Allmählich findet vermittelst sich den Weg bahnender fein verästelter Blutgefäße auch ein Säfteaustausch zwischen der mütterlichen, aus der Gebärmutterschleimhaut gebildeten Eihaut und der jungen Frucht statt; damit ist auch schon die Möglichkeit der Zufuhr von Ernährungsstoffen aus dem mütterlichen in das kindliche Gewebe gegeben. Durchschnittlich 280 Tage nach der Empfängnis der Frau ist die Frucht soweit ausgereift, daß die Ausstoßung dieses reifen Kindes aus dem mütterlichen Leibe durch den Vorgang der Geburt erfolgen kann.

Das Gebären eines Kindes ist für jede gesunde Frau ein durch die weisen Einrichtungen und Vorkehrungen der Natur wohlvorbereiteter und ungefährlicher Akt, ein in Schmerzen errungener Triumph der dem Weltgebote dienenden Weiblichkeit, das opferreichste und zukunftsschönste Begebnis im Geschlechtsleben der Frau.

Das hohe Pflichtgebot der Brutpflege im eigenen Leibe, die liebevolle Anhänglichkeit an den auserwählten Mann, mit dem es sich in schöpferischer Kraft verbindet, sind die Leitmotive, aus denen die schamvolle Zurückhaltung des weiblichen Wesens sich in zärtliche, rückhaltlose Hingebung wandelt und wandeln muß, um die gespannten Begierden beider Liebenden ihrer natürlichen Entladung zuzuführen. Sinnig kluge Worte sagt B. Björnson hierüber: „An Stelle der Scham aus Unwissenheit und Keuschheit wird die Scham aus Wahrheit, Mut und Ehrlichkeit treten, die viel schöner ist. An die Stelle dummer Hingebung infolge eines dumpfen mystischen Begehrens bewußter freier Wille aus eigener Wahl."

Der brutale animalische Akt der Begattung kann durch seelisches Lieben und vergeistigtes Einandersangehören zu einem von innerer Zärtlichkeit erfüllten und mit gefühlvoller Schönheit umrankten Bindungsvorgange gegenseitigen Verlangens und gegenseitigen Freudenspendens werden, aus welchem die Schaffung eines neuen Menschen zustande kommt. Dadurch zustande kommt, daß die Urgeschlechtszellen, die Keimzellen, beider Eltern im Leibe der Frau in Auswirkung wollüstiger Schauer zusammentreffen und, miteinander verschmelzend, ein selbständiges Neuwesen werden.

Um vieles verschlungener, reichgestalteter und auch langwieriger ist beim kultivierten Menschen der über Trieb und Leidenschaft, Sinnlichkeit und Schwärmerei, über Lust und Weh führende Weg, der zur Vereinigung der männlichen und weiblichen Keimzelle leitet, als bei der Pflanze, bei dem Tiere, bei den in Wildheit und Unkultur lebenden Völkerstämmen.

Selbst bei vielen *einzelligen Lebewesen*, die eigentlich weder Tier noch Pflanze sind, und deren Geschlechtsgegensatz man noch vor gar nicht langer Zeit irrigerweise in Abrede stellte, unterscheidet man männliche von weiblichen Formen. Es gibt eben keine ungeschlechtliche Vermehrung! Auch die einzelligen Lebewesen, welche sich im allgemeinen durch eine einfache Zellteilung vermehren, müssen sich von Zeit zu Zeit gatten, was ihnen wieder für einige Dauer die Fähigkeit zur Vermehrung durch Zellteilung verleiht; sonst aber wären sie dem Untergange verfallen. Bei den höher organisierten Lebewesen, den meisten *Pflanzen* und *Tieren*, tritt eine zweigeschlechtliche Unterscheidung und die Bedeutung der Geschlechtsorgane für die Befruchtung deutlich zutage. Beim *Pflanzenreiche* übernimmt es ein zufälliger Mittler: — ein Windhauch oder ein Insekt —, den männlichen Pollen zur weiblichen Narbe zu tragen, damit sie befruchtet werde. Bei den *Bienen* begattet und befruchtet meist das Stärkste unter den Hunderten werbender Männchen die Königin auf ihrem Hochzeitsfluge, läßt seine Geschlechtsteile an ihrem Körper haften und stirbt sodann, da es seinen einzigen Daseinszweck erfüllt hat. Es gibt auch Tiere, zum Beispiel die *Schnecken*, welche in je einem einzigen Individuum männliche und weibliche Geschlechtsorgane, also auch männliche und weibliche Keimzellen aufweisen und sich gegenseitig doppelt begatten. Bei den *Fischen* hingegen kommen Männchen und Weibchen miteinander zum Zwecke der Fortpflanzung gar nicht in direkte Berührung, da die weiblichen Fische ihre unbefruchteten Eier ablegen, und dann erst die Männchen ihren Samen unmittelbar auf die Eier geben. Bei den *Wirbeltieren*, die als Männchen und Weibchen ein geschlechtlich gesondertes Einzelleben haben, führt die Gewalt eines blinden Instinktes und der Drang der Leibeskraft, die sich in der „Brunstzeit" zu stürmisch-gewaltigem Triebe steigert, zur Vereinigung der Geschlechter, zur Fortpflanzung der Gattung. Die *Natur*-

völker treiben es darin nicht viel besser; nicht nach irgendeiner prüfenden Wahl oder geleitet von seelischem Empfinden, nur in ausbrechender Gier nach geschlechtlicher Befriedigung findet bei ihnen die fleischliche Vereinigung der beiden Geschlechter statt; sie haben bloß den einen Vorzug vor dem Tiere, daß sie die Wollust der Umarmung und des Kusses kennen. Beim kultivierten Menschen hat sich das Verhältnis von „Männchen" und „Weibchen" zu der höheren Beziehung von „Mann und Frau" veredelt, zu einer Gemeinsamkeit zweier abgeschlossener Individualitäten. Die persönliche und seelische Liebe reinigt da das sinnliche Feuer der natürlichen Triebe von den Schlacken der animalischen Brutalität; so erhält die geschlechtliche Paarung eine moralische Gestaltung, welche die Zeugungsgewalt des Mannes voll zur Geltung bringen läßt, ohne die edle Würde der Frau zu verletzen, und diese holt sich wiederum ihr gutes Recht auf Sinnenfreuden und Körperlust aus ihrem Liebe empfindenden Herzen.

Das Maß der Selbstbeherrschung, welches der Einzelne aufzubringen vermag, ist ein deutlicher Gradmesser seiner Kultur. Und viele, die sonst auf Grund ihres ethischen Schönheitsempfindens und ihres in verfeinertem Gehaben wohlgeschulten Wesens die Notwendigkeit der Zügelung der Impulse durch die Vernunft besonders betonen, sich — und mit Recht — zu den Kulturträgern zählen, nehmen es mit der Selbstbeherrschung gerade in sexuellen Dingen nicht so genau; just auf diesem Gebiete aber wäre ein möglichst strenger Maßstab anzulegen, denn hier kann sich wahre Kultur und ihre hochwertigen Auswirkungen so eindringlich, wie nirgends anders, erweisen. Der Geschlechtsakt, welchen die Natur mit allen Künsten des Geheimnisvollen und mit dem Zauber des Verhülltseins ausgestattet hat, sollte bei Kulturvölkern nur eine durch freie Selbstwahl und in seelischer Liebe herbeigeführte körperliche Vereinigung eines bestimmten Mannes mit einer bestimmten Frau sein.

wobei das berauschende Verlangen beider, zur höchsten Verzückung gesteigert, in wollüstiger Harmonie zusammenklingen soll, um ein neues Wesen zum Leben zu erwecken.

„Das ist lebendig Blut in frischer Kraft,
Das neues Leben sich aus Leben schafft." (Goethe.)

Eines Problems, das seit langem und — trotz der wenig ermutigenden Ergebnisse — die forschenden Ärzte immer von neuem beschäftigt: die künstliche Befruchtung beim Menschen, muß in Kürze gedacht werden. Darunter ist die instrumentelle Einführung des Samens eines Mannes in die inneren Geschlechtsteile der Frau zum Zwecke der Befruchtung, die aus diesem oder jenem Grunde im betreffenden Falle auf natürlichem Wege nicht zustaude kam, zu verstehen. Derartige, bei Säugetieren mit Erfolg vorgenommene Manipulationen haben beim Menschen bislang noch in keinem Falle zu einem über alle Zweifel erhabenen, einwandfreien, positiven Ergebnis geführt. Die überwiegende Mehrzahl der Frauenärzte nehmen auch einen unbedingt ablehnenden Standpunkt gegen diese recht problematischen Prozeduren ein, die ja allerlei unlauterem Treiben Tür und Tor zu öffnen drohen und zu allerhand Unzukömmlichkeiten führen könnten. Vom rein ärztlichen wie vom allgemein moralischen Standpunkt aus ist gegen die Anwendung einer künstlichen Befruchtung, beziehungsweise gegen Versuche in dieser Richtung energisch Einspruch zu erheben.

Vererbung und Zuchtwahl

Die Keimzellen allein sind die Träger vererbbarer Eigenschaften. — G. Mendels Vererbungsgesetze. — Nicht Krankheiten, sondern nur die Veranlagungen für Krankheiten sind vererbbar. — Die Wertigkeit der Keimzelle kann durch mannigfache Einflüsse verändert werden: Alkohol, Syphilis, akute Krankheiten, Schwächezustände, Alter. — Auch seelische Eigenschaften und geistige Veranlagungen sind erblich. — Konstitution und Vererbung. — Inzucht. — Geeignete Gattenwahl. — Erkundung der Familiengeschichte und ärztliche Untersuchung der Ehekandidaten. — Rassenzüchtung. — Günstige Bedingungen für dieselbe. — Willküreinfluß auf das Geschlecht des Kindes.

Noch ist die Lehre von der Vererbung beim Menschen ein wissenschaftlich keineswegs vollauf erschlossenes Wissensgebiet, noch sind die Möglichkeiten der Beeinflußbarkeit menschlicher Fortpflanzung, die Erkenntnisse über Verbesserung der Nachkommenschaft und Veredlung der Rasse durchaus nicht restlos ergründet. Doch aus dem bislang Erforschten ward schon manch gewichtiges und bedeutungsvolles Wissen gewonnen, das der kommenden Menschheit zu nutz geistiges Gemeingut nicht allein der oberen Schichten der Gebildeten, auch weiter Volkskreise werden sollte.

Das werdende Menschenwesen erwächst aus der Verbindung einer männlichen mit einer weiblichen Keimzelle, des Samenfadens mit dem Ei, sonach hängt die Wertigkeit des neuen Gebildes von der Beschaffenheit des elterlichen Keimmaterials ab. Was in der Keimsubstanz der Eltern enthalten ist, haben diese von ihren Ahnen ererbt und geben dieses Erbe — verbessert oder verschlechtert — wieder an die Nachkommenschaft ab.

Die exakte Forschung beschäftigt sich mit der Feststellung, welche Eigenschaften des Keimplasmas vererblich sind, und mit der Auffindung jener Mittel und Wege, durch welche die Beschaffenheit des Keimplasmas zugunsten der Nachfahren verändert werden könne. Dieses Zielstreben ist in Idealität auf die Züchtung geistig und körperlich möglichst vollkommener Menschen gerichtet, dessen Erfüllung noch in weiter Zukunft liegt.

Die von G. Mendel zuerst systematisch verfolgten Kreuzungsversuche ergaben, daß sich bestimmte Merkmalszeichen in gesetzmäßiger Weise vererben; so zeigen zwei sich in einem Merkmal deutlich unterscheidende Individuen (I. Generation) in ihren unmittelbaren Zeugungsprodukten (II. Generation) entweder eine Mischung dieser unterscheidenden Merkmale, oder ein Überwiegen des einen oder des anderen Merkmals (dominierendes Merkmal). Bei Kreuzung dieser Individuen der zweiten Generation untereinander weisen deren nächste Abkömmlinge (III. Generation) in jenem Falle, da die II. Generation (Eltern) Mischmerkmale der I. Generation (Großeltern) darstellte, je zu einem Viertel die Merkmale eines jeden der beiden Großeltern und zur Hälfte die Mischungsmerkmale der Eltern auf; in dem Falle aber, daß bei der II. Generation das eine Merkmal dominiert, besitzt drei Viertel der III. Generation gleichfalls dieses dominierende Merkmal, während ein Viertel der III. Generation gerade jenes bei seinen Eltern nicht vorhandene Merkmal des einen der Großeltern (rezessives Merkmal) trägt. Bei weiterer Kreuzung der Bastarde mit rezessiven Merkmalen untereinander ergeben sich stets Züchtungsexemplare mit rein rezessiven Merkmalen; jedoch bei weiterer Kreuzung von Bastarden mit dominierenden Merkmalen untereinander zeigt ein Drittel der weiteren Abkömmlinge rein dominante Merkmale, zwei Drittel hingegen immer wieder in 25 % ihrer Nachkommen rein rezessive Merkmale.

Aus den drei Grundregeln des „Mendelismus" — das ist erstlich die selbständige Vererbung eines jeden Merkmalpaares, zweitens das Dominieren eines Merkmales über das andere des betreffenden Paares, drittens die Spaltung der Merkmale mit Hervortreten des bei einer Generation verdeckten Merkmales in späteren Generationen — erwächst auch die Möglichkeit, jene Verhältnisse zu verstehen, wo ein Individuum mit dominanten Merkmalen des einen der Eltern sich mit einem Individuum kreuzt, welches rezessive Merkmale des anderen der Eltern aufweist, wobei dann die eine Hälfte der Abkömmlinge nur dominante, die andere Hälfte nur rezessive Merkmale darbieten wird.

Diese von Gregor Mendel festgestellten Ergebnisse seiner an Pflanzen vorgenommenen Kreuzungs- (Bastardierungs-) Versuche zeigen für die verschiedensten Pflanzen und Tiere, ja auch für die höher organisierten Säugetiere ihre Gültigkeit. Je größer aber die Zahl der unterscheidenden Merkmale in der Elterngeneration ist, desto schwieriger ist natürlich die klarlegende Eindeutigkeit der Vererbungsverhältnisse. Beim Menschen, welcher die vielgestaltigste Vereinigung vererblicher Anlagen darstellt, stellen sich der Aufhellung der Vererbungsregelmäßigkeit der zahllosen, oft schwer beurteil- und erkennbaren verschiedenartigen Merkmale noch aus folgenden Gründen kaum behebbare Schwierigkeiten entgegen: während die Mendelschen Vererbungsregeln auf Beobachtungen von Kreuzungen reinster Inzucht an Pflanzen und Tieren aufgebaut wurden, kommt beim Menschen die Möglichkeit, Nachkömmlinge, die von Geschwistern untereinander gezeugt wurden, auf ihre Merkmalsvererbung prüfen zu können, gar nicht in Frage. Ferner ist bei den Menschen die zeitliche Distanz zwischen zwei Generationen ungefähr 3 Jahrzehnte, also viel zu groß, als daß ein einzelner Beobachter seine Feststellungen an mehr denn höchstens 3 Generationen machen könnte. Überdies ist auch die Nachkommenzahl eines menschlichen Elternpaares meist doch viel zu gering, um gültige Gesetzmäßigkeiten feststellen zu können; auch sterben, mit z. B. krankhaften Anlagen behaftete Menschen häufig, bevor sich diese Abnormitäten deutlich bemerkbar gemacht haben.

Solcherweise ist es bislang noch nicht gelungen, ein klares Bild über die Vererbungsregeln beim Menschen zu entrollen; nur einige Streiflichter vermochte die Erkenntnis auf diese Verhältnisse zu werfen. Über die Vererbung normaler Eigenschaften wissen wir nur wenig; es soll die braune Augenfarbe über die graue dominieren, auch lockiges Haar über schlichtes, rotes Haar rezessiv sein gegenüber schwarzem usw. Heftige Streite entbrannten in Forscherkreisen darüber, ob die während des individuellen Lebens erworbenen Eigenschaften, das sind durch Übung, Verletzungen, Krankheiten, Erlebnisse u. dgl. herbeigeführte Änderungen der körperlichen und psychischen Qualitäten eines Einzelindividuums, vererbbar seien; im allgemeinen wurde diese Annahme abgelehnt, welche für die menschliche Züchtungskunst (Eugenik) von größter Wichtigkeit ist.

Mit Sicherheit ist festgestellt, daß die männliche und weibliche Keimzelle für die Fortpflanzung wichtiger Merkmale untereinander vollkommen gleichwertig sind. Doch darf daraus nicht etwa gefolgert werden, die körperlichen Eigentümlichkeiten und die geistigen Anlagen der Nachkommen entsprächen einem gleichmäßigen Mischungsverhältnisse zwischen väterlichem und mütterlichem Erbe; vielmehr walten hierbei die mannigfaltigsten Verschiedenheiten vor, so zwar, daß einmal die väterliche Anlage, ein andermal die mütterliche Anlage, diese und jene wiederum in bezug auf physisches oder auf psychisches Verhalten stärker in den Vordergrund zu treten vermag. Über die letzten Gründe dieses Naturspieles ist noch keine Aufklärung gelungen.

Nach neueren Forschungsergebnissen steht es fest, daß nur die Keimzellen — und diese allein! — als Träger verschiedenster körperlicher und geistiger Eigenschaften die Vererbung bedingen; bloß was in ihnen vorhanden ist, ist vererbbar. Die Keimzelle stellt gewissermaßen das Inkarnat der Konstitution dar, unter welcher die Summe aller Eigenschaften des Organismus zu verstehen ist, aus denen dann die Art und Weise, wie er auf die verschiedensten normalen und abnormen Reize anspricht, sich ergibt. Mit „angeborenen“ Körpereigentümlichkeiten oder Krankheiten —, die durch unterschiedliche Einwirkungen während der zwischen Empfängnis und Geburt liegenden

Zeit veranlaßt werden können — hat die „Vererbung" nichts gemein. Nicht eine bestimmte Krankheit als solche, sondern nur eine individuelle Veranlagung zu gewissen Krankheiten wird ererbt. Gar oft, wenn auch nicht mit zuverlässiger Gesetzmäßigkeit, zeigt sich beim Nachwuchse gewisser Familien, namentlich dort, wo sowohl väterlicher- wie mütterlicherseits gleichartige Krankheitsanlagen vorhanden sind, eine gesteigerte Anfälligkeit für eben diese Krankheiten. Dies trifft besonders häufig für manche Geisteskrankheiten, für Gicht, Zuckerharnruhr (Diabetes) und Fettleibigkeit zu, ferner auch für bestimmte Blutkrankheiten — Bluterfamilien! —, für die sogenannte englische Krankheit (Rachitis), desgleichen für die Lungenschwindsucht (Tuberkulose), eine Reihe von Augenleiden (z. B. Kurzsichtigkeit), für Defekte der Sinnesorgane (Nachtblindheit, Farbenblindheit) und Erkrankungen der Haut. Die Krankheitsanlage — der grob sinnlichen Wahrnehmung nicht zugänglich — ist ebenso eine spezifische Eigenschaft des Körpers und in den Keimzellen vorgebildet, wie jene oft augenfällig von den Vorfahren auf die Nachkommen vererbten Eigenheiten und Charaktermerkmale der Gesichtsbildung, des Wuchses, der Gestalt, des Ganges, der Haltung, des Temperaments, der Sprechweise, des Charakters — kurz, was wir „lächerliche Ähnlichkeit" zwischen Eltern und Kindern oder zwischen sonstigen nahen Blutsverwandten zu nennen pflegen.

Mannigfache Einflüsse vermögen Art- und Wertigkeitsveränderungen der Keimzellen zu bewirken, was sich für den Nachwuchs deutlich geltend machen kann, nicht nur im allgemeinen, sondern auch in Blutbeschaffenheit, Widerstandsfähigkeit gegen schädigende Einwirkungen, im Bau des gesamten Körpers und seiner Einzelteile. So wissen wir, daß Giftstoffe, wie Alkohol und Syphilis, die Keimbeschaffenheit der Fortpflanzungszellen verderblich beeinflussen und schwer schädigen können. Gleicherweise wissen wir auch, daß akute Erkrankungen verschiedenster Art und Schwächezustände der Eltern auf die Beschaffenheit des Keimplasmas ihrer Fortpflanzungszellen schädlich einzuwirken vermögen. Auch die Altersveränderungen der Keimdrüsen beeinträchtigen nicht selten die Wertigkeit des Keimplasmas und bedingen eine gewisse Schwächlichkeit der Nachkommen; die von Eltern in vorgerücktem Alter gezeugten Nachkommen sind meist minder lebenstauglich, minder widerstandsfähig.

Kritische Forschungsbetrachtungen ergaben, daß es ganze Säufer-, Spieler- und Verbrecherfamilien gibt, ebenso ist es sattsam bekannt, daß in manchen Familien allerlei Mißbildungen (Hasenscharte, Wolfsrachen), Erkrankungen, Schwächlichkeit und leichte Anfälligkeit, Häßlichkeit, Kurzlebigkeit als Erbübel durch Generationen schleichen; andere Familien zeichnen sich durch eine von den Ahnen auf die Nachfahren vererbte körperliche Überfülle (Fettleibigkeit), andere wieder durch besondere Hagerkeit aus; in vielen Familien vererbt sich Gesundheit, kräftige Konstitution, Schönheit und Langlebigkeit von den Urfahren auf den Nachwuchs.

Doch nicht nur körperlich-konstitutionelle, auch seelische Eigenschaften und geistige Veranlagungen können sich von den Altvorderen auf die Kinder forterben. Dies ist auch nicht weiter verwunderlich, da zweifellos die körperlichen Zustände in inniger Verknüpfung mit den geistigen Leistungen und seelischen Äußerungen stehen.

In den Blättern der Weltgeschichte lassen sich dafür unzählige Beispiele und Belege finden. Im alten Rom war das Geschlecht der Fabier ob seiner vererbten Tugenden an Tapferkeit und Vaterlandsliebe rühmlich bekannt, während das Geschlecht der

Claudier sich mit Hochmut und Grausamkeit erblich belastet erwies. Ein klassisches Beispiel elenden Nachwuchses von schwer entarteten Eltern bringt die römische Caesarenzeit mit Kaiser Nero, den — nach Senecas Ausspruch — die Natur zur Schande und zum Verderben für das menschliche Geschlecht hervorgebracht hat. Nero wurde von dem schändlich schlechten Domitius Ahenobarbus mit Agrippina, einer Schwester des wahnsinnigen Kaisers Caligula gezeugt; als er geboren war, tat sein Vater den charakteristischen Ausspruch: „Von mir und Agrippina kann nur ein Scheusal kommen, das der Welt zur Geißel wird". Der Vater des Domitius war ein roher, wüster Gesell, ein Betrüger und Blutschänder, die Mutter des Domitius hatte ihren ersten Gatten vergiftet. Von solcher Blutmischung stammte der Wüterich Nero, der sich an den lebenden Fackeln der Christenleiber ergötzte und seine eigene Mutter Agrippina ermorden ließ —, er war der letzte Caesar aus dem entarteten Geschlecht der Julier.

Recht drastisch spricht sich der weiberfeindliche Philosoph Schopenhauer über derlei Vererbung aus: „Könnte man alle Schurken kastrieren und alle dummen Gänse in's Kloster stecken, den Leuten von edlem Charakter einen ganzen Harem beigeben und allen Mädchen von Geist und Verstand Männer, und zwar ganze Männer verschaffen, so würde bald eine Generation erstehen, die ein mehr als Perikleisches Zeitalter darstellte."

Jede Familie hat ganz bestimmte vererbliche Konstitutionseigentümlichkeiten; vereinigt sich nun ein Familienmitglied von guter Konstitution mit dem Mitgliede einer anderen Familie von gleichfalls guter Konstitution, so ist für deren gemeinsame Nachkommenschaft sicherlich ebenfalls eine gute Konstitution zu gewärtigen; bei der Verbindung des Mitgliedes einer Familie von minderwertiger Anlage mit einem solchen von günstiger Veranlagung ist für die Nachkommen erfahrungsgemäß noch immer ein Überwiegen der günstigen über die minderwertige Konstitution zu erhoffen; bei ungünstiger, schlechter Veranlagung beider sich vereinigender Teile aber läuft die Nachkommenschaft Gefahr, das Üble je aus dem väterlichen wie mütterlichen Organismus in summierter Fülle vererbt zu erhalten; bezieht sich gar die ungünstige Veranlagung beider sich vereinigenden Teile zufällig auf ein- und dasselbe Übel, so findet sich dieses mit fast mathematischer Gewißheit bei den Nachkommen wieder.

Nun muß aber die erbliche Anlage keineswegs immer sich direkt von den Eltern auf die Kinder in sichtlicher Weise übertragen, vielmehr kann es geschehen, daß dieselbe bei einem Gliede der Generation nicht hervortritt, jedoch trotzdem von diesem auf sein Kind vererbt wird.

Bei Verwandtenehen, der Inzucht — dabei sind nur Blutsverwandte gemeint —, vergrößert sich die Bedrohung für die günstige Anlage der Abkömmlinge einerseits durch den Wegfall der erwiesenen Mischungsvorteile, andererseits durch den bereits erwähnten Umstand, daß bei gleichartiger ungünstiger Anlage beider Eltern — und diese Gleichartigkeit hat doch bei Blutsverwandten viel Wahrscheinlichkeit für sich! — eben jene ungünstige Anlage beinahe sicher bei den Kindern in womöglich verstärktem Maße auftritt; das ist ganz besonders bei einer durch Generationen fortgesetzten Inzucht zu erwarten. Warnende Beispiele für die Resultate solcher Inzucht bietet manche Herrscherdynastie, auch manche Judenfamilie. Denn mehr noch, als die Vorzüge, werden die Fehler in derselben Familie als Erbteil weitergegeben; und in jedem Menschen werden die Eigentümlichkeiten seiner Ahnen fortgepflanzt und auf die Nachkommen übermittelt; im Laufe der Zeiten manchmal verwischt und verlöscht, doch dann wieder einmal in der Sippe mit erneuter Kraft auflebend und vorherrschend.

Die zielvolle Absicht der Züchtung möglichst gesunden, kräftigen und wertvollen Nachwuchses läßt sich zunächst durch Eines erfolgversprechend und werktätig fördern: durch zweckentsprechende Auswahl der für einander bestimmten männlichen und weiblichen Keime, gemeinfaßlich ausgedrückt — durch geeignete Gattenwahl, sorgfältige Auslese der beiden sich verbindenden Menschen in bezug auf körperliche Vorzüge — Gesundheit und Schönheit—, wie auf seelische Anlagen — Sittlichkeit und Charakter. —

Dem Naturforscher Ch. Darwin danken wir das Prinzip der Selektion, der auslesenden Kraft im Kampfe ums Dasein. Dieser Kampf wird von den Lebewesen untereinander im Wettbewerbe um ihre Existenz, um Nahrung, Raum, Licht, Luft und Wärme ausgefochten. Erweist sich ein Organismus zu schwach für dieses Streiten, so geht er allmählich zugrunde, und das stärkere Individuum, das „Auserlesene", bleibt bestehen. Nicht immer wird dabei der Schwächere vollständig vernichtet, getötet, zuweilen wird er nur auf eine niedrigere Stufe der Existenz herabgedrückt, gewissermaßen deklassiert, und erlischt erst in einer späteren Generation.

In dem Kampfe ums Dasein — oder richtiger ums Dableiben — spielt die Zuchtwahl eine wesentliche Rolle, insofern die in jeder Generation vorhandenen Kräftigsten und Besten untereinander zur Auswahl für die Fortpflanzung gelangen. Dieser Ausleseprozeß, auch unter den nachfolgenden Generationen durchgeführt, bringt die guten und ragenden Eigenschaften dieser Individuen immer mehr zur Entfaltung, immer stärker zur Geltung und leitet sie im Laufe der Generationen zur Vorherrschaft. Mit solcher Auslese und mit der zunehmenden Zahl der derart Auserlesenen ermöglicht sich eine Verbesserung der Art innerhalb gewisser Grenzen der Variabilität, keineswegs kann es aber hierdurch zu einer wirklichen Umbildung oder gar Neugestaltung des Typus dieser Art kommen.

Wir müssen uns schon damit zufrieden geben, durch die Zuchtwahl allmählich eine Kräftigung und Höherentwicklung des menschlichen Geschlechtes erwirken zu können, uns damit begnügen, durch die Zuchtwahl die physische und geistige Entwicklung der Menschen zu fördern, so der drohenden Dekadenz ein energisches Halt gebietend. Und das ist nicht wenig!

Wie könnte nun ein voller Erfolg des vorbedachten und erwägenden Suchens und Sichvereinigens von Mann und Frau, um in ihren vereinigten hochbewertbaren Zuchteigenschaften die nächsten Nachkommen unter günstigste Vorbedingungen der Lebenstüchtigkeit zu stellen, erzielbar sein? Dadurch, daß bei der in Hinsicht auf den Nachwuchs folgebedachten Gattenwahl die Lebensgeschichte einer langen Vorfahrenreihe beider Gatten berücksichtigt würde. Nur solchermaßen könnte eine tatsächlich zuverlässige Ergründung der Eigenschaften des Keimplasmas der Zeugenden ermöglicht sein. Es müßten demnach — wie H. Sellheim zu Recht betont — „Ahnentafeln" über jede Familie angelegt werden, an Hand derer in einem öffentlichen Amte Aufschluß zu erlangen wäre darüber, was dieser oder jener an körperlichem und geistigem Gute von seinen Vorfahren mit auf den Lebensweg bekam; solche „Auskunfteien über die biologische Aussteuer" ließen sich gewiß errichten, vorläufig scheinen sie noch ins Reich utopischen Wünschens zu gehören.

So ist uns gegenwärtig nur der private Weg der Erkundung offen, auf dem festzustellen alle Mühe und Sorgfalt anzuwenden nötig wäre, ob der zur Gattenwahl gestellte Mensch — sei es Mann oder Frau — selbst krank ist oder den Keim einer Krankheit in sich trägt, ob in der betreffenden Familie — sei es gehäuft, sei es nur bei einem Einzelnen — irgendwelche krankhafte Veranlagungen vorliegen. Eine der bedeutsamsten ethischen Pflichten der ärztlichen Berater ist es, mit allem Ernste und größter Gewissenhaftigkeit solche Ermittlungen anzuregen und zu fördern; an ihnen ist es dann auch, Kraft ihres Fachwissens und ihrer Erfahrungen aus den ermittelten Daten das Wichtige vom Bedeutungslosen zu scheiden und ihren Rat danach zu richten. — Auch wäre es dankenswerte Mühewaltung der Ärzte, worin sie von allen Einsichtigen tunlichst unterstützt werden müßten, wollte jeder in seinem Kreise kurze tabellarische Skizzen über die Vorfahren und Mitglieder jener Familien anlegen, über deren Wohl zu wachen er berufen ist. So könnte manche wichtige Tatsache über die Vererbung körperlicher und geistiger Besonderheiten aufgedeckt, manche vermeidbare Schädigung der Nachkommen verhütet werden.

Was Plato schon im alten Griechenland aus Vorsorglichkeit für das kommende Geschlecht verlangte, nämlich die körperliche Untersuchung aller Ehekandidaten, das ist in der jüngsten Vergangenheit wiederum als nötige Maßregel zur Sicherung einer gesunden Nachkommenschaft erkannt und gefordert worden.

Solange sich die Staatlichkeiten nicht entschließen, diese Forderung in Gesetzform zu kleiden, — was in seiner Wirkung allerdings auch nicht überschätzt werden dürfte — an Stelle des freien guten Willens nicht die bindende Pflicht setzen, solange die Eheschließung nicht an einen auf Grund ärztlichen Gutachtens erfolgten Konsens gebunden ist, ist es Aufgabe und Verpflichtung aller einschlägig Gebildeten, in den unterschiedlichsten sozialen Schichten aufklärend dahin zu wirken, daß sich Mann und Weib freiwillig einer ärztlichen Untersuchung ihrer Gesundheit, ihrer voraussichtlichen Fähigkeit zur Zeugung lebenstüchtiger Kinder unterziehen, bevor sie die Ehe eingehen, und daß sie den allfälligen Ratschlägen der Vertrauensärzte nachkommen, ihre Mahnungen befolgen.

Viele Familientragödien könnten solchermaßen vermieden werden, manchem Manne und mancher Frau bittere Selbstvorwürfe und seelisches Leiden erspart bleiben! Denn in nicht zu seltenen Fällen vermag der Arzt mit großer Wahrscheinlichkeit zu prophezeien, daß gerade dieser in einer bestimmten Art erblich belastete Mann mit gerade jener in einer bestimmten Art erblich belasteten Frau körperlich und geistig verkrüppelte Kinder, ihr Leben lang kränkliche Schwächlinge oder gar Idioten, zeugen werde. Verhütbares Unheil, vermeidbarer Jammer —, wenn das unschuldig in die Ehe tretende Mädchen von dem werbenden Manne zuvor freimütig ein „ärztliches Gesundheitszeugnis" verlangt, das nicht allein den derzeitigen allgemeinen Körperzustand vom medizinischen Standpunkt aus beurteilt, sondern auch Aufschluß über die „Heiratsfähigkeit" des Betreffenden gibt, ob nicht krankhafte Zustände oder Anlagen (z. B. eine vielverschuldende Geschlechtskrankheit) bestehen, welche Zeugungsunfähigkeit im Gefolge haben können oder die Liebesgenossin mit schwerer Ansteckung und lebenslangem Siechtum, allfällige Nachkommen mit elendem Verderbnis bedrohen können. Falsche, unverständige Rücksicht wäre es aber auch, sollte der Mann nicht das gleiche Anrecht geltend machen dürfen wie das Mädchen, sich möglichste Klarheit über den Gesundheitszustand der künftigen Gattin, der erwählten Mutter seiner Kinder, zu verschaffen, ob nicht gewisse in ihrer Familie vorkommende erbliche Momente ihrem Mutterwerden widerraten.

Die Rassenzüchtung weist beim Menschen um so günstigere Fortschritte auf, mit je größeren körperlichen Vorzügen bei normaler geistiger Beschaffenheit die zu geschlechtlicher Verbindung sich findenden Personen, Mann wie Weib, ausgestattet sind. Solch eine durch Generationen fortgesetzte Zuchtwahl bietet beste Aussichten für die Ertüchtigung der Nachfahren, wie dies bei vielen alten bürgerlichen Patrizierfamilien, bei zahlreichen selbstbewußten Bauerngeschlechtern, bei manchem ahnenstolzen Adelsgeschlecht augenfällig ist.

Dabei muß aber die Fortpflanzung keineswegs in dem engen

Kreise derselben Schichte und Nation erfolgen. Im Gegenteile! Bei gesundem, kraftschönem Bau von Mann und Frau findet eine aufwärtsschreitende Ausbildung, eine Veredlung der Rasse statt, wenn zeitweilig eine Auffrischung aus völlig fremdartigem Blute erfolgt, eine Kreuzung frischer Elemente zustande kommt. Die Verbindung eines Edelmannes mit einem Bauernmädchen, eines Christen mit einer Jüdin, eines Germanen oder eines Romanen mit einer Slawin und umgekehrt, kann — unter der selbstverständlichen Voraussetzung, daß beide in Betracht kommende Teile gesund, das heißt auch erblich möglichst unbelastet sind — zu ersichtlicher und merklicher Verbesserung einer Rasse führen.

Vandermonde und Buffon waren die ersten, welche darauf hinwiesen, daß das Kreuzen der verschiedensten Geschlechter das wahre Mittel sei, ein schönes Geschlecht hervorzubringen. Die ursprünglich außergewöhnlich häßlichen Perser und Türken tatarischer Abstammung haben durch häufige Vermischungen mit den schönen Georgierinnen und anderen Frauen der kaukasischen Rasse allmählich das Abstoßende ihrer Gesichtszüge gemildert. Virey konnte feststellen, daß die Mulatten, aus der Verbindung von Negern mit Europäern entstehend, widerstandsfähiger und arbeitstüchtiger sowie geschickter seien, als die von Weißen und Amerikanern gezeugten Mestizen. Einerseits erhalten sich die Juden, welche seit je eine ausgesprochene Abneigung gegen eine Vermischung mit anderen Rassen haben, ihre charakteristische Gesichtsbildung seit Jahrtausenden in ungeminderter Deutlichkeit, andererseits weisen sie ebendadurch auch Zeichen der Degeneration auf.

Es ist eine beachtenswerte Erfahrungstatsache, daß die Nachkommen zweier Individuen von Rasse um so kräftiger und lebenstüchtiger sind, je weniger die betreffenden Familien miteinander verwandt sind, daß hingegen bei wiederholtem, durch Generationen gepflegtem Heiraten in derselben Familie, also bei dauernder

Inzucht, wie bereits erwähnt wurde, den Abkömmlingen — je weiter nach abwärts, desto sinnfälliger und fühlbarer — physische und psychische Entartung droht.

Unendlich zahlreich und unendlich vielgestaltig und fein sind die bewegenden Kräfte, aus deren Wirken sich die Erstehung eines neuen Lebewesens ergibt; zumindest einige Geheimnisse ihres gesetzmäßigen Waltens enträtseln zu wollen, liegt tief im menschlichen Wissensdrang. Was forschende Beobachtung aus der ungeheuerlich großen Materie an Erkenntnis für eine den Nachkommen günstige Regelung der Menschenzeugung herausschälte, sei in Kürze zusammengefaßt: So soll in der beiderseitigen Ahnenreihe der jetzt Zeugenden kein schwerwiegendes erbliches körperliches oder geistiges Gebrest bei mehreren oder gar vielen Mitgliedern derselben vorhanden sein, insbesondere dürfen solche Fehler — seien sie auch minder schwerwiegender Art — nicht bei den Vorfahren des Mannes und der Frau untereinander gleichartig sein. Von Vorteil ist es, wenn in den vorhergehenden Generationen ein- und das anderemal eine Mischung mit kraftstrotzendem artfremdem Blute stattfand, von Nachteil dagegen, wenn in denselben öfter Blutsverwandtenehen geschlossen wurden. Wünschenswert scheint es, daß die beiderseitigen Vorfahren im allgemeinen sich durch kräftige, stattliche Körperbeschaffenheit und gute geistige Gaben auszeichneten. — Die Zeugenden selbst müssen frei sein von bedeutungsvollen ererbten Gebrechen und Lastern, frei von erworbenen Krankheiten folgenschwerer Bedeutung, sie sollen aber auch kräftig, womöglich sogar von schönem oder gefälligem Äußeren, zumindest jedoch frei von häßlichen, verunzierenden oder gar abstoßenden Merkmalen sein. Ferner sollten sie beide jung, doch schon vollentwickelt sein und sich in gesundem Geschlechtstrieb zueinander hingezogen fühlen, dürften nicht durch Verwandtschaftsbande miteinander verknüpft sein, wohl aber durch hochstehende geistige Verwandtschaft zueinander gehören.

Die unter solchen Vorbedingungen Gezeugten, deren Werden nicht blindwaltendem Zufall allein, sondern auch der Unterordnung des animalischen Sinnestriebes unter das Bewußtsein der Verantwortlichkeit entsprang, werden stärkere und bessere, darum freiere Menschen sein, die ihren Schöpfern Dank wissen müssen für ihr Hinblicken auf die Tafel Zarathustras, auf der geschrieben steht: „An Euren Kindern sollt Ihr gut machen, daß Ihr Eurer Väter Kinder seid; alles Vergangene sollt Ihr so erlösen."

Viel Forscherfleiß wurde schon darangewendet, zu ergründen, ob es möglich sei, bei der Zeugung einen bestimmenden Willküreinfluß auf das Geschlecht des Kindes zu nehmen; diese Frage muß nach den bisherigen Ergebnissen unbedingt verneint werden. — Die Anlage der Frucht ist — wie E. Steinach in schönen Versuchen klargestellt hat — vollkommen indifferent, und die Ursache für ihre Entwicklung zum männlichen, beziehungsweise weiblichen Geschlecht ist für uns ein noch in unergründetes Dunkel gehülltes Geheimnis! Es ist also auch nichts weiter, als eine aus statistischen Aufstellungen gewonnene Annahme, daß unter gewissen Voraussetzungen verhältnismäßig mehr Knaben denn Mädchen geboren werden; als dahier geltende Voraussetzungen seien einige angeführt: wenn der Mann mindestens zehn Jahre älter ist, als die Frau, und diese sich in ihrer höchsten Weiblichkeitsblüte befindet; desgleichen: wenn die Befruchtung frühestens acht bis zehn Tage nach dem Ablauf der monatlichen Blutung erfolgt; ebenso: wenn die geschlechtliche Beanspruchung des Mannes intensiver ist als die der Frau; auch bestimmten Ernährungsbedingungen vor und während der Schwangerschaft wird — allerdings zu Unrecht — eine derartige Wirkung in die Schuhe geschoben.

Die Fruchtbarkeit

Wertung der Fruchtbarkeit. — Normale Fruchtbarkeit und die günstigsten Bedingungen für dieselbe. — „Schonzeit." — Vorteilhafte und notwendige Bedingungen für das Zustandekommen der Empfängnis. — Unfruchtbarkeit. — Ursachen der Unfruchtbarkeit. — Willkürliche Hemmung der Fruchtbarkeit. — Ihre Gefahren für die Allgemeinheit.

Die Fruchtbarkeit der Frau ist der mächtigste Grundpfeiler für den Aufbau der Familie, die natürliche Grundlage für das Aufblühen und Gedeihen eines Stammes, für Macht und Ansehen eines Volkes, für die Geltung und Weltstellung einer ganzen Rasse.

Seit uralten Zeiten sah der Mann in der Mutterschaft der Frau etwas Heiliges, seit Menschengedenken schützte Recht und Gesetz die Fruchtbarkeit der Frau, Staat und Religion räumte der „Mutter" eine höhere Wertung und Stellung ein, als dem Weib im allgemeinen.

Der biblische Spruch: „Seid fruchtbar und mehret euch und füllet die Erde!" kündet in ehernen Worten das Naturgebot zur Fortpflanzung und predigt die Fruchtbarkeit; in den altrömischen Senatsbeschlüssen wurde erst der zur Mutter gewordenen Gattin ein selbständiges Verfügen über Besitz und Eigentum gestattet; den Frauen Griechenlands wurden erst dann gewisse Vorrechte zuteil, wenn sie ein Kind geboren hatten. Dieses Würdigen und Schätzen der Mutterschaft spiegelt sich auch in Brauch und Sitten der alten Germanen wieder, deren Todesverachtung und „Liebe zur Fortpflanzung" Tacitus rühmt.

Die unfruchtbare Frau ist bei vielen wilden Völkerstämmen, ebenso wie im Orient, Gegenstand des Spottes und der Verachtung, bestenfalls des Mitleids.

Nach den rasch aufeinander folgenden und große Menschenopfer fordernden Kriegen im Beginne des neunzehnten Jahrhunderts erklärte einst Napoleon I., jene Frau sei die beste, welche die meisten Kinder geboren habe. — In seinem Romane „Fécondité" stimmt Zola begeisterte Hymnen auf die Fruchtbarkeit der Frau an und wünscht, es möge „das Weib mit einem Kinde an der Brust und einem zweiten an den Knien" das moderne Schönheitsideal darstellen. Die Dichterin auf dem rumänischen Königsthrone, Carmen Sylva, sagt nicht ohne Wehmut, daß man von einer Königin drei Dinge verlange: „Schönheit, Klugheit und Fruchtbarkeit", und umschreibt damit den altbabylonischen Spruch: „Die Aufgabe des Weibes ist Schönheit, Anmut und Kindergebären." Ein hohes Lied auf die Fruchtbarkeit stellt auch Ostades schönes Gemälde dar, auf dem er sich selbst malte, seine Frau an der Hand und acht Kinder um sich, in allen zehn Gesichtern der heitere Abglanz lächelnder Zufriedenheit des stillen, häuslichen Glückes.

Vom Gesichtspunkte des Naturforschers und Arztes ist die Fruchtbarkeit eine Funktion des weiblichen Geschlechtes, welche in einem gewissen Lebensalter — je nach Rasse und geographischer Lage früher oder später, im großen Durchschnitt zwischen dem 13. und 18. Lebensjahre — beginnt und in einem bestimmten Lebensalter, das sich in Mitteleuropa ungefähr zwischen das 41. bis 50. Lebensjahr erstreckt, wieder erlischt.

Vom Anbeginn der Geschlechtsreife des jugendblühenden Mädchens bis zum sexuellen Absterben der welkenden Matrone ist der Grundton im Leben der Frau darauf gestimmt, das unabänderliche Gesetz der Natur, aus dem bestehenden Organismus einen neuen erstehen zu lassen, zu erfüllen. Für diesen höchsten Zweck ist der Körper des Weibes mit allen dienlichen Schaffensmitteln ausgestattet, um durch einen Zeitraum von beiläufig drei Jahrzehnten den Zielen des Universums sich unterzuordnen und neue Menschen in die Welt zu setzen.

Ungefähr dreißig Jahre währt die Frist, innerhalb welcher das weibliche Geschlechtsleben allen Anforderungen, welche die Natur an es zu stellen hat, gerecht zu werden vermag: zu lieben, im Genuß zu empfangen, mit Schmerzen zu gebären und Kinder zu stillen. Die unter allgemein günstigen Lebensbedingungen befindlichen und ihre geschlechtlichen Bedürfnisse in ausreichender Weise befriedigenden Frauen können sich einer auch noch längeren Dauer des Geschlechtslebens erfreuen, wogegen kränkliche, ungenügend genährte und versorgte Frauen ihre normale Geschlechtsfunktion früher einzubüßen pflegen. Ein Zeichen schlimmer Dekadenz ist es aber, wenn Frauen der wohlhabenden und wohllebenden Kreise vorzeitig die charakteristischen Merkmale geschlechtlicher Fähigkeiten verlieren.

Normalerweise dauert die Zeugungsfähigkeit des Mannes wesentlich länger, als es bei der Frau der Fall ist; es kann nicht nur seine Begattungsfähigkeit, auch die Befruchtungsfähigkeit bis in ein hohes Alter erhalten bleiben.

Der ideale Zustand der Fruchtbarkeit, nämlich daß eine Frau so viele Kinder während der Zeit vom Beginne bis zum Versiegen ihrer Geschlechtlichkeit zur Welt bringe, als sie tatsächlich gebären könnte, wird in Wirklichkeit fast nie erreicht. Kultur — oder was manchmal mit diesem Namen fälschlich bezeichnet wird — schlägt in dieser Beziehung den freigeberischen Absichten der Natur häufig ein Schnippchen. Eine nach natürlichen Zeugungsgeboten lebende Frau könnte in dem zwischen Einsetzen und Aufhören der Menstruation liegenden Zeitraume von durchschnittlich dreißig Jahren wohl fünfzehn bis sechzehn Kinder austragen —, das entspräche normaler Fruchtbarkeit. Doch ist dies gegenwärtig gewiß recht selten der Fall, meist bewegt sich die Zahl der Kinder einer Frau weit unter dieser Ziffer; zu den ganz vereinzelten Ausnahmefällen gehört es, wenn die Zahl von 15 bis 16 Kinder überschritten wird, sei es infolge ungewöhnlich lange bestehender Sexualtüchtigkeit der Frau, sei es infolge sich wiederholender Zwillings- und Drillingsgeburten.

Über die Fruchtbarkeit der Frauen in den verschiedenen Ländern werden jeweils genaue Statistiken geführt; aus denselben geht hervor, daß auf 100 Einwohner zum Beispiel in Ungarn 5 Geburten jährlich entfallen, in Deutschland 3.70, in England 3.58, in der Schweiz 3 und in Frankreich 2.63. —

Unter der Voraussetzung sonst normaler Verhältnisse ist die Fruchtbarkeit im allgemeinen dann am größten, wenn das zeugende Paar in ungefähr gleichem Alter oder besser gesagt in gleicher, vollkräftiger Jugendlichkeit steht, doch kann der Mann auch etwas, aber nicht wesentlich älter sein, als die Frau. Allzu jugendlich verheiratete Frauen stehen bezüglich ihrer Fruchtbarkeit denen nach, die — diese Zahlen beziehen sich nur auf unsere Breitegrade — erst im zwanzigsten bis fünfundzwanzigsten Lebensjahre geschlechtlichen Verkehr zu pflegen beginnen. Vom 30. Lebensjahre der Frau an nimmt die Fruchtbarkeit erheblich ab. Die Ehe eines alten Mannes mit einer jungen Frau und umgekehrt tut selbstredend der Fruchtbarkeit erklecklich Eintrag.

Da sich die Fruchtbarkeit einer Ehe von dem Heiratsalter des Mannes und der Frau abhängig erweist, so werden auch demgemäß Unterschiede der Fruchtbarkeit auf dem Lande und in der Stadt, in bestimmten sozialen Schichten und Berufszweigen zutage treten, je nachdem, ob die betreffenden Männer und Frauen durchschnittlich in früherem, beziehungsweise späteren Alter ehelichen; demnach ist z. B. die Fruchtbarkeit in ländlichen Bezirken, bei Bauern usw. größer, weil hier im allgemeinen jung geheiratet wird.

Günstige Ernährungsverhältnisse steigern die Fruchtbarkeit; hervorragend gute Erntejahre lassen solche Wirkung deutlich erkennen. „Die Bevölkerung“ — sagt Buckle in seiner „Geschichte der Zivilisation in England“ — „wiewohl durch manche andere Umstände beinflußt, steigt und fällt ohne Zweifel mit dem Vorrat an Nahrung, sie steigt bei reichlichem Vorrat, steht still oder geht zurück bei dürftigem Vorrat."

Die Konstitution, familiäre Anlagen, sowie Rasseeigenschaften der Eheleute haben sicherlich gleichfalls einen gewissen Einfluß auf die Fruchtbarkeit, in beschränkterem Maße dürfte auch dem Klima dabei eine bestimmte Rolle zukommen. So ist es ja allbekannt, daß sich zum Beispiel die jüdische Rasse nicht nur durch große Geschlechtlichkeit und ausgeprägten Familiensinn, sondern auch durch eine außerordentliche Fruchtbarkeit auszeichnet. Die Magyaren sind gleichfalls von großer Fruchtbarkeit. Die Ehe unter Blutsverwandten übt erfahrungsgemäß eine schädigende Wirkung auf die Fruchtbarkeit aus.

Die günstigste und geeignetste Zeit für die Mutterschaft ist das Lebensalter der Frau zwischen dem 20. und 40. Jahre. Vorher wie nachher ist die Empfängnis gleicherweise für die Frau wie für die Nachkommenschaft minder tunlich.

Eine angemessene „Schonzeit" zwischen je zwei Geburten sollte der Frau sowohl in ihrem eigenen Interesse, als auch in dem ihrer Kinder zugebilligt werden, und wäre dies etwa so zu bemessen, daß erst zwei Jahre nach der einen Geburt die nächste erfolgt. Rechnet man nämlich zu den neun Monaten der Schwangerschaftsdauer weitere neun bis elf Monate hinzu, während welcher die Mutter das Kind stillt oder — falls sie es nicht selbst tut — die künstliche Ernährung desselben mit müheheischender Sorgfalt leitet, zumindest die Amme zu beaufsichtigen hat, so verbleiben dann noch etwa 4 bis 5 Monate zur völligen Erholung und notwendigen körperlichen Erfrischung und Kräftigung der Frau bis zum neuerlichen Eintritt einer Schwangerschaft.

Zwar schließt kein Zeitpunkt innerhalb der Wochen, die zwischen zwei Menstruationen liegen, die Möglichkeit der Empfängnis aus, doch zeitigt der in den ersten acht bis zehn Tagen nach Ablauf der monatlichen Blutung vollzogene Beischlaf mit größerer Wahrscheinlichkeit eine Befruchtung, als der später ausgeübte. Daß eine Empfängnis gleich bei dem erstmaligen Beischlaf — in der Brautnacht — erfolgt, gehört wohl zur Seltenheit, gewöhnlich geschieht dies erst nach öfterer Wiederholung des Paarungsaktes.

Soll mit dem Geschlechtsakte auch eine Befruchtung herbeigeführt werden, so darf er nicht unmäßig häufig und ja niemals während der Menstruation ausgeführt werden.

Die körperlichen Grundbedingungen für das Zustandekommen der Befruchtung sind: ein normaler Bau der Geschlechtsorgane von Mann und Frau, sowie eine normale Funktionsfähigkeit des Sexualapparates; bei der Frau: zur Paarung geeignete Beschaffenheit der äußeren Geschlechtsteile und der Scheide, gesunde Eierstöcke und eine gut entwickelte Gebärmutter, regelmäßiges Auftreten der Menstrualblutung und wohl auch entsprechendes Wollustempfinden bei der Begattung; beim Manne: Begattungsfähigkeit des Gliedes, normale Beschaffenheit der Hoden und die Bildung und Absonderung eines zeugungsfähigen Samens.

Im Durchschnitt kommt auf zehn fruchtbare Ehen eine unfruchtbare; über die außereheliche Fruchtbarkeit läßt sich aus naheliegenden Gründen kein übersichtliches Urteil fassen, doch kann wohl angenommen werden, daß diese im großen und ganzen erheblich geringer ist als die eheliche, wobei einerseits der Umstand in Betracht zu ziehen ist, daß diejenigen Bevölkerungsschichten, bei denen die „außereheliche" Fruchtbarkeit hauptsächlich in Frage kommt, unter ungünstigeren Lebensbedingungen, also auch in schlechteren hygienischen Verhältnissen sich befinden, was zum Beispiel in Hinsicht auf die oft gar nicht oder häufig nur ungenügend ärztlich behandelten Geschlechtskrankheiten von großer Bedeutung für die Fruchtbarkeit ist —, andrerseits der außereheliche Geschlechtsverkehr des Mannes zu einem großen Teile von den Prostituierten bestritten wird, die erfahrungsgemäß nur ein verhältnismäßig geringes Kontingent an Geburten stellen.

Für eine bestehende Unfruchtbarkeit stets nur die Frau verantwortlich machen zu wollen, ist zweifellos unrichtig und darum auch ungerecht; in einer gewiß gar nicht unbedeutenden Zahl von Fällen solchen Mißgeschickes trägt der Mann — und nur er allein — die Schuld an der Kinderlosigkeit, an der Unfruchtbarkeit! Festzustellen, wodurch dies Ausbleiben der Empfängnis verursacht, ob der Fehler am Manne oder an der Frau liegt, ist immer nur Sache des beratenden Arztes, dessen Kunst es auch gar oft gelingt, den Schaden zu beheben.

Unfähigkeit zur Keimbildung infolge abnormer Beschaffenheit oder infolge mannigfacher Erkrankungen der Eierstöcke, Lageveränderungen, Hemmungsbildungen und krankhafte Zustände der Gebärmutter, Bildungsfehler der Scheide, Überempfindlichkeit des Scheideneinganges, Geschwülste im Becken, Mangel des natürlichen Wollustempfindens beim Beischlaf — das sind wohl die häufigsten Ursachen der Unfruchtbarkeit, welche von seiten der Frau herrühren; von seiten des Mannes: angeborener oder erworbener Mangel beider Hoden, abnorme Gestaltung des Gliedes, ein des Zeugungsstoffes entbehrender Same, mangelnde Erektionsfähigkeit des Gliedes, Tripperérkrankung, Syphilis und Krankheiten des Nervensystems.

In den letzten Jahrzehnten ist eine beabsichtigte, eine willkürliche Hemmung der Fruchtbarkeit des Weibes immer mehr in Schwung gekommen und macht sich in stetig zunehmender Ausbreitung geltend. Anfänglich beschränkte sich diese mit Willen herbeigeführte Unfruchtbarkeit auf die oberen Gesellschaftsklassen, die wohlhabenden und intellektuellen Bevölkerungsschichten, besonders in den großen europäischen Hauptstädten, dann aber griff sie auch auf weitere Volkskreise über und ist gegenwärtig schon in die Landbewohnerschaft, in die bäuerlichen Kreise und bis in ferne Weltteile gedrungen. Diese Einschaltung der Willkür in die natürliche Entwicklungsmacht ist zu einer verderblichen, allgemeinen geschlechtlichen Unsitte geworden, zu einer wahren Volksseuche, welche die Kraft und gedeihliche Entfaltung ganzer Nationen tief herabzudrücken droht.

Das sogenannte „Zweikindersystem" (Malthusianismus) hat sich so ziemlich in ganz Frankreich eingebürgert, sich aber auch in Siebenbürgen und Norwegen ein fast allgemein gültiges Heimatrecht erworben, auch in Deutschland bekennen sich weite Kreise zu ihm, in Nordamerika tritt es gleichfalls schon in gewaltigem Maße seine Herrschaft an, wie es überhaupt in raschem Tempo seinen verderblichen Weg durch die meisten Kulturländer nimmt.

Diese die Einzelfamilien, in logischer Folge dann Nationen und Rassen schwer schädigende Willkürbeschränkung der Fruchtbarkeit findet ihre Erklärung in zahlreichen Momenten, unter welchen die erschwerten Existenzbedingungen im allgemeinen, die zusehends gesteigerten Preise der Lebensmittel und die Erschwerung ihrer Beschaffung, der Umstand, daß die Männer der Gegenwart infolge langwierigeren Brotstudiums und längerer Lehrzeit erst verhältnismäßig spät eine Erwerbsmöglichkeit erlangen, solcherhalb auch erst in reiferem Lebensalter heiraten und dann vor den Störungen einer vollen Kinderstube zurückschrecken, ferner der Umstand, daß die Versorgungsmöglichkeit der Kinder im ständig anspruchsvolleren Lebensführen schwieriger wird, eine große Rolle spielen. Doch das sind häufig nicht die ausschlaggebenden Motive, vielmehr liegen sie oft nur in dem rücksichtslosen Hang zu ungestörtem Lebensgenusse, in übertriebener Bequemlichkeit frönender Selbstsucht, in der gesellschaftlichen Überkultur, in der Angst mancher mondänen Dame, der Reiz und die Schönheit ihrer Formen könnte durch viele Geburten leiden, aber gewiß auch in der intensiveren

Berufstätigkeit der Frau, die durch jede Schwangerschaft empfindliche materielle Verluste erleidet. Mögen die Beweggründe für das absichtliche Hintanhalten reichen Kindersegens manchmal wohl erklärlich sein, so liegt das psychologische Hauptmotiv doch überwiegend in dem abnehmenden Willen zum Kinde, der oft bloß der Nachäffung und modischen Suggestion sein Entstehen verdankt.

Daß die kulturell Hochstehenden sich von der Erwägung bestechen lassen, es sei besser nur ein oder zwei Kinder mit aller Sorgfalt erziehen und ausbilden zu können, als auf mehr Kinder die Mühen und Ausgaben zu verteilen, so daß diese weniger sorgsam und gut herangebildet werden, daß die Reichen es zu vermeiden trachten, ihren Besitz an eine große Kinderzahl zu verteilen, wodurch die Lebensführung der Nachkommen auf ein niedrigeres Niveau gestellt wird, hat gewiß manches für sich. Nun wird aber die Gefahr des Aussterbens solcher Familien mit ein bis zwei Kindern sehr groß, was für die Allgemeinheit natürlich einen schweren Verlust bedeutet, einen um so schwereren, wenn es sich um hochwertige Menschen handelt.

Darum muß jeder Menschenfreund warnend seine Stimme erheben, das Volksgewissen wecken und Stellung nehmen gegen diese brutale Ichflucht, welche der eigenen Behaglichkeit, der größeren Sorglosigkeit und Unbeschwertheit das Geschick der kommenden Generation, das Gedeihen des Volkes, das Aufblühen des Vaterlandes und alle idealen Güter der Zukunft opfert!

Unterdrückung der von Natur aus vorgesehenen Fruchtbarkeit bedingt allmählich Ausartung und Entartung. Das Gespenst der „Übervölkerung“ verliert seinen Schrecken, wenn Zeugung und Gesundheit miteinander zu einem untrennbaren Begriffe verschmelzen. Möge die Zahl der Kinder auch groß sein, sind die Kinder — von gesunden Eltern stammend — gestählt an Leib und Seele, so werden sie arbeitsfähig und arbeitsfreudig im Lebenskampfe bestehen, sie werden sich ihre Nahrung aus dem Boden zu erwirtschaften, ihre Existenz zu gründen und sicher zu gestalten imstande sein. Darauf also kommt es an, mit allen Mitteln der Hygiene und in Berücksichtigung der Erfahrungen der Vererbung einen starken, lebensfähigen Nachwuchs zu erzielen, nicht aber seine Zahl zu mindern. Gesünder, kräftiger, besser und zahlreich sollen unsere Nachkommen sein, für den Kampf ums Dasein wohl ausgerüstet und befähigt, — ein wertvolles und ein großes Geschlecht!

Uneheliche Kinder

Soziales Arbeiten einerseits für leichtere Ermöglichung des Heiratens, andrerseits für den Schutz unehelicher Mütter und Kinder. — Uneheliche Kinder meist lebensunfähiger, als eheliche. — Die Gründe und Ursachen hierfür. — Die Schlußfolgerungen daraus.

Unverheiratet sein ist wohl gewiß nicht gleichbedeutend mit geschlechtlicher Enthaltsamkeit; gilt dies für das männliche Geschlecht in höherem Maße, so hat es für das weibliche Geschlecht doch auch Geltung. Mag der Mann mehr aus körperlich triebhaftem Zwang Eros außerehelich huldigen und dies auch im allgemeinen sorgloser tun, so gibt es für die weiblichen Wesen oft recht ethische Gründe, sich ohne standesamtliche und kirchliche Sanktion hinzugeben. Sollen denn wirklich gesunde, kräftige, junge Frauen, nur weil unsere Gesellschaftsordnung und die Gesetze mancher Länder der „Trauung" zuweilen unüberwindliche Hindernisse in den Weg legen, auf ihr höchstes Menschheitsrecht, auf das Mutterglück verzichten müssen? Und solche Frauen, welche alle Widerwärtigkeiten von seiten ihrer lieben Mitbürger, es hilft kein Beschönigen: ganz besonders ihrer Mitbürgerinnen, mutig auf sich nehmen und geduldig tragen, wenn sie durch den geliebten Mann, dem sie nicht Gattin sein dürfen, Mutter werden, verdienen volle Wertung. Zwar hat die theoretische Anschauung schon gewaltig Bresche in die Mauer der Vorurteile gegen unverheiratete Mütter geschlagen, doch im praktischen Leben hat sich noch kein wesentlicher Umschwung in der gesellschaftlichen Anerkennung solcher Frauen vollzogen. Hier hat das soziale Wirken noch ein großes, vielversprechendes Feld auszubauen, vor allem durch eine sinn- und zweckgemäße Ermöglichung von Ehen, bei denen die sozialhygienischen Vorbedingungen erfüllt sind, — denn die Ehegemeinschaft ist sowohl für die Eltern wie für die Kinder doch immer der weitaus günstigste

Boden gedeihlichen Lebens der Zeugenden und des Nachwuchses —, des weiteren wenigstens durch ein ersprießliches Schützen der ledigen Mutter und der illegitimen Nachkommen. In letzterer Beziehung ist zwar durch die segensreiche Gründung und Ausgestaltung von Säuglingsheimen und Mutterschutzstellen schon manches Gute geschaffen worden, doch bleibt noch vieles zu tun übrig.

Wiewohl mancher hervorragende, gewaltige Kulturwerte schaffende Mensch unehelicher Geburt ist und war — man denke nur an Lionardo da Vinci, Galileo Galilei, an den Mönch Erasmus u. v. a. —, so ist doch festzustellen, daß die unehelichen Kinder im großen und ganzen eine schwächlichere Konstitution und geringere Lebensfähigkeiten besitzen als eheliche, und daß die außereheliche Zeugung eine nicht zu unterschätzende Beeinträchtigung der auf kräftigen und gesunden Nachwuchs abzielenden Menschenzucht bedeutet.

Auf dem Lande liegen die Verhältnisse im allgemeinen erheblich günstiger; der kräftige Bauernbursch zeugt mit der vollblütigen Bauerndirne, weil die Gelegenheit allzu lockend ist, auch ohne kirchlichen Segen lebensfähige, gesunde Kinder, die unter den waltenden günstigen Ernährungsverhältnissen und in guter Luft kräftig gedeihen.

Daß auch auf dem Lande die Säuglingssterblichkeit unter den unehelichen Kindern im allgemeinen etwas größer ist, als unter den ehelichen, kann vielleicht darauf zurückgeführt werden, daß die Mägde, die ein Kind unter dem Herzen tragen, trotz dieses Zustandes oft schwere körperliche Arbeit verrichten und so die Frucht schädigen, meist trägt aber nicht die geringere Widerstandsfähigkeit solcher Kinder die Schuld daran, sondern der Umstand, daß ihnen gewöhnlich weniger Sorgfalt und Pflege zuteil wird, sei es, daß die eigenen Mütter, durch ihren Broterwerb in Anspruch genommen, nicht genügend Zeit zum Stillen und zur Wartung finden, sei es, daß sie das uneheliche Kind einer Pflegemutter anvertrauen, die doch begreiflicherweise dem Pflegling nicht ebenso liebevolle Betreuung angedeihen läßt, wie einem eigenen Kinde.

Zieht man in Betracht, in welchen Bevölkerungsschichten der Stadt die außerehelichen Geburten weitaus am häufigsten vorkommen, so ist das Resultat der Statistiken, nach denen die Minderwertigkeit der unehelichen Kinder durch die im Vergleiche zu den ehelichen bedeutend höhere Ziffer der Säuglingssterblichkeit zu deutlichem Ausdruck gelangt, leicht verständlich.

Es gehört doch immerhin zu den Seltenheiten, daß ein den „besseren", also den körperlich gepflegteren Ständen angehöriges Mädchen einem illegitimen Kinde das Leben schenkt; damit ist beileibe nicht gesagt, daß dies auf die höhere Moral dieser Kreise zurückzuführen ist, höchstens auf deren größere Aussicht auf Verehelichung, welche das Warten auf die sexuellen Genüsse bis zur Brautnacht lohnt, teilweise auch auf deren sorglichere Vorsicht bei unerlaubtem Geschlechtsverkehr, hie und da wohl auch darauf, daß sie die Folgen einer Verfehlung rechtzeitig zu beseitigen wissen. Das gleiche gilt sicherlich auch für die jungen Witwen und die geschiedenen Frauen dieser Kreise.

Eine etwas größere Zahl unehelicher Geburten liefert eine Gruppe von Mädchen, die sich aus den unterschiedlichen, ihren Lebensunterhalt in Bureaus, in Geschäften, im Haushalte usw. verdienenden Berufsklassen zusammensetzt; daß deren Kinder häufig nicht zum besten für den Lebenskampf gerüstet sind, liegt daran, daß diese noch als werdende Mütter sicherlich oft an und für sich unter ungünstigen Allgemeinverhältnissen leben, während ihrer Schwangerschaft ihrer, nicht selten recht anstrengenden Beschäftigung solange als irgend möglich weiter nachgehen müssen, und außerdem manchmal tiefempfundenen Kränkungen von seiten ihrer Umgebung ob ihres Zustandes ausgesetzt sind, sowie drückenden Zukunftssorgen, die auf das Nervensystem und so mittelbar auch auf die Frucht im Leibe ungünstig wirken. Die in jedem Mädchenherzen glimmende Hoffnung einer Heirat läßt diese vom Schicksal weniger Begünstigten bezüglich desjenigen Mannes, dem sie sich hingeben, oft wenig wählerisch sein, sie achten nicht erst sonderlich darauf, ob er kräftig und gesund ist, kennen seine Anverwandten gar nicht, kümmern sich nicht darum, ob schwere Krankheiten in seiner Familie erblich sind; sie lieben und wollen geliebt und — womöglich auch geheiratet sein; das — häufig recht unerwünscht kommende — Kind ist dann der Leidträger.

Den weitaus größten Beitrag an unehelichen Kindern stellt die schwer arbeitende Klasse, insbesondere der Fabrikstädte; in den Städten mit großen Garnisonen sowie in den Seehäfen sind es neben den Dienstboten, die ein erkleckliches Kontingent der illegitimen Kinder liefern, zu einem kleinen Teile auch Prostituierte, welche ein Kontingent zu den unehelichen Geburten beistellen.

Daß hierbei den Vätern ein ungemein großer Teil der Schuld an der ungünstigen Beschaffenheit des Nachwuchses beigemessen werden muß, ergibt sich von selbst. Geschlechtskrankheiten aller Art, rücksichtslosester Geschlechtsverkehr bei frischen und schwersten Formen derselben, Alkohol, Unterernährung und Laster sind für die Verelendung der Nachkommen verantwortlich zu machen; und auch die Mütter haben oft nicht viel Gutes ihren Kindern mitzugeben; schlechte Ernährung, elende Luft in manchen Fabriksräumen, der günstigste Nährboden der Lungenschwindsucht, die in manchen Fabriksbetrieben die Gesundheit schwer schädigenden Giftwirkungen (Blei, Quecksilber u. a.), nicht selten das allzu jugendliche Alter und die eigene Körperschwäche sind Faktoren, welche dem Nachwuchs zu schwerstem Schaden gereichen. So ist es denn nicht verwunderlich, daß diese unehelichen Kinder, oft von Seite beider Eltern erheblich belastet, unter traurigen Bedingungen im Mutterleibe genährt, in elenden Verhältnissen geboren, häufig schon als Säuglinge sich für den Lebenskampf zu schwach erweisen oder aber als Schwächlinge oder zeitlebens als Sieche ein elendes Dasein fristen.

Unendlich Großes hat Sozialpolitik und Sozialhygiene schon geleistet, um die allgemeinen Lebensbedingungen der um ihre Existenz am schwersten und härtesten Ringenden zu verbessern und zu heben, die Gesunden vor Erkrankungen zu bewahren, die Kranken zur ärztlichen Behandlung zu bringen, ihnen Erholung und Genesung zu ermöglichen, sie durch Belehrung und Aufklärung vor weiterem Schaden möglichst zu bewahren, ihnen Weisungen zu geben, wie sie sich vor der Ansteckung mit den, unheimliches Verderben für Kinder und Kindeskinder bringenden Geschlechtskrankheiten zu schützen vermögen —, und solcherweise bereits einen guten Schritt auf dem Wege zur Verbesserung des kommenden Geschlechtes getan; doch ein zähes, unermüdliches Arbeiten in dieser Richtung ist noch nötig, um allmählich immer weiter vorwärts zu kommen.

Die Züchtung gesunder Menschen heischt gebieterisch: mehr Heilanstalten, mehr Säuglingsheime, mehr Volksbildungsstätten, mehr Aufklärung in breite Volksschichten, energischere hygienische Maßnahmen, strengere Gesetze gegen die wissentliche Übertragung der Geschlechtskrankheiten, weitsichtige und einheitliche Regelung der Prostitution, weitgehendste Gesundheitskontrolle!

Die Ehe

Zu einer harmonischen Ehe gehört eine kraftvolle und gesunde Geschlechtlichkeit ebenso, wie seelisch inniges Zusammengehören. — Die Ehe ist der günstigste Boden für die Ausgestaltung der Rassenverbesserung. -- Möglichkeit von Zwangsmaßregeln zur Verhinderung der Fortpflanzung minderwertiger Menschen. — Ärztlicher Ehekonsens. — Liebe und Zuchtwahl. — Frauenrecht und Ehe.

Wahre Gemeinsamkeit, ein wirklicher Bund zweier zur Einheit verknüpfter Wesen kann nur erstehen, wenn auch seelische Liebe zwischen Mann und Frau herrscht, wenn die beiderseitigen Gefühle in Achtung füreinander, die beiderseitigen Charaktere in Nachgiebigkeit zusammenklingen, wenn auf sittlicher Grundlage unerschütterliches Vertrauen ineinander besteht, wenn kein versuchender Gedanke sich an das Treusein wagt, wenn der ethische Wille darauf eingestellt ist, füreinander zu leben, Freud und Leid zu teilen und in einem wohlgeratenen Nachwuchs das Glück des Seins zu finden.

Dazu gehört aber auch, — ja es ist sogar ein ganz wesentlicher Bestandteil in dem Mosaik, zu dem sich die verschiedensten Faktoren der Materie und des Geistes bei der Zufriedengestaltung einer Ehe zusammensetzen —, daß die Geschlechtlichkeit von Mann und Frau rein und kraftvoll, gesund und natürlich sei, daß bei den intimen Geschehnissen der Liebesbetätigung sich die kräftige Mannheit wie die echte Weiblichkeit durch nichts erniedrigt.

Ein unmögliches Unterfangen wäre es, wollte man die geistige Liebe zwischen Mann und Frau im Alter der Zeugungsfähigkeit von der körperlich-sinnlichen Liebe in scharf umrissener Begrenzung unterscheiden. Eine rein geistige Liebe zwischen zwei Personen verschiedenen Geschlechtes, welchen die Macht des Geschlechtstriebes innewohnt, kann vielleicht in den Ansichten abstrakter Philosophie als möglich angesehen werden, das Leben jedoch lehrt unzweifelhaft, daß bei aller seelischen Liebe zweier geschlechtlich Vollkräftiger dennoch der Naturdrang zu körperlichem

Lustgenießen zum Durchbruch kommen muß. Durch seelische Innigkeit vermag das brutale Element gehemmt, auch abgelenkt oder vermindert zu werden, aber vorhanden ist es immerdar; doch erst, nachdem der erste sinnliche Liebesrausch verflattert ist, erweist es sich oft, ob die geistige Liebe ein mächtiger Bundesgenosse der geschlechtlichen Liebe war und ist, oder nur letztere den einzig ausschlaggebenden Faktor darstellt.

Der Mann muß im sicheren Bewußtsein aufrechten Mannesstolzes leistungsfähig, schaffensfreudig und pflichtbewußt, durchdrungen von dem Gefühle in die Ehe treten, daß in seinem Blute keines jener Gifte fließt, welche den Nachwuchs schon im Keime dem Verderben preisgeben, daß er die Mütterlichkeit der von ihm Erwählten fördert und beschützt, nicht aber bedroht. Die Frau sei reizvoll, regen Liebesempfindens, befähigt, die Pflichten als Gattin und Mutter zu erfüllen. Mann und Frau sollten auf der Höhe ihrer körperlichen Entwicklung, in voller Entwicklung ihrer Geschlechtlichkeit, natürlichen Sinnes und nicht allzu verschieden im Alter in die Ehe treten, keinerlei widerwärtige körperliche Abnormitäten, schwerwiegende chronische Erkrankungen oder geistige, geschweige denn moralische Defekte selbst oder aber in der Reihe ihrer Altvorderen und Blutsverwandten aufweisen.

Daß es sowohl für Männer und Frauen, wie vor allem für die Nachkommenschaft von unwiderleglicher Notwendigkeit ist, daß das Geschlechtsleben in gewisse staatlich geregelte Formen eingeordnet werde, ist unbestritten; doch gehen die Ansichten darüber, ob diese Formen enger oder weiter begrenzt sein sollen, auseinander; über die Reformbedürftigkeit der „Ehe" wird gar viel beraten und mit Recht auf Verbesserungen gedrängt, auch der „freien Liebe" das Wort geredet. Gewiß sind Änderungen der bestehenden Ehegesetze ein dringendes Erfordernis, insonderheit jene Bestimmungen, die sich auf die Scheidung, die Möglichkeiten der Wiederverehelichung und die Rechte der Frau beziehen. Immerhin ist aber auch heute die Ehe als der einzig mögliche Hort der Liebenden und ihrer Elternschaft anzusehen, mögen auch manche ihrer Einrichtungen und Zustände dem wohlverstandenen Interesse Einzelner und der Gesamtheit nicht gerecht werden und dringend der Abhilfe bedürfen; vor allem ist nicht genug Rücksicht auf die Wichtigkeit der Artveredlung genommen. Jedenfalls ist aber die Ehe eine notwendige Einrichtung, deren eigentlicher Zweck die Fortpflanzung und die Erziehung der Kinder ist, der aber auch für die Gatten eine hohe moralische Wirkung zufällt, insofern sie sicherlich vielerlei Unrast sänftigt und Leidenschaften bändigt, Gesetztheit und Gleichmaß in mancherlei Richtung gibt. Die Natur stattete die Menschheit mit der Liebe aus, die Vernunft aber stiftete dann die Ehe. Schon die Gesetzgeber des Altertums schützten die Ehe, auch stellten sie bestimmte Eheverpflichtungen auf. So gestattete Solon jeder Frau, die an einen zur Kindererzeugung unfähigen Mann verheiratet war, mit einem Verwandten ihres Gatten zusammenzuleben. Bei den alten Parthern durfte ein sexuell unvermögender Ehemann seine Freunde bitten, ihm zu helfen und dem Vaterlande Bürger zu schenken. Kaiser Justinian sah es als ausreichenden Scheidungsgrund an, wenn ein Gatte in zwei Jahren nicht imstande war, die Gattenpflichten gegenüber seiner Frau zu erfüllen. Plutarch berichtet, daß die Spartaner während ihrer zehn Jahre lang dauernden Belagerung von Messina, um ihre Gattinnen der ehelichen Freuden nicht allzu lange entbehren zu lassen, sorgsam die schönsten Jünglinge ihres Heeres auswählten und in die Heimat sandten, damit sie zur Bevölkerung der Republik das Ihre beitrügen. Die christliche Kirche befaßte sich erst seit dem Ende des sechsten Jahrhunderts mit den Angelegenheiten der Ehe und nahm bestimmenden Einfluß auf die Zubilligung einer Lösung des Ehebandes und auf die Wiedergestattung einer neuerlichen Ehe Geschiedener.

Für Kultur und Zivilisation kommt unzweifelhaft nur die Einehe (Monogamie) in Betracht, denn in solcher allein kann die Frau wahre Gefährtin des Mannes sein; bloß auf der Einehe vermag sich ein gesittetes Familenleben, ein würdiges Menschengeschlecht aufzubauen. In allen Ländern, wo die Polygamie (Vielweiberei) gesetzlich erlaubt ist, sind die Frauen mehr-weniger Sklavinnen; selbst die erste Gattin, die im allgemeinen einen hervorragenderen Rang einzunehmen pflegt, eine gewisse Macht im Hause und auch Rechte über ihre Kinder hat, ist unselbständig und unfrei. Im übrigen ist die Polygamie in jenen Ländern, in denen sie nach dem Gesetze gestattet ist, keineswegs allgemein, nur die Vornehmen und Reichen, welche in der Lage sind, mehrere Frauen zu kaufen und sie auszuhalten, machen von diesem Rechte Gebrauch, die anderen begnügen sich mit einem einzigen Weibe. Auch ist es eine bemerkenswerte Tatsache, daß die Polygamie durchaus nicht zu einer größeren Vermehrung der Bevölkerung führt, als die Monogamie.

Jedenfalls kommt der Ehe, als dem mächtigsten Faktor im Bereiche der Fortpflanzung, die umfassendste Gelegenheit und somit auch die aussichtsreichste Möglichkeit zu, einerseits durch die entsprechende Auswahl der für die Zeugung bestimmten Keime, andrerseits durch die Ausschaltung verderblicher Anlagen eine bedeutsame Rolle für die positive Rassenverbesserung zu spielen.

Hier muß zunächst die Aufklärung über die Wichtigkeit der Menschenaufzucht und über die dabei einzuschlagenden Wege einsetzen, des weiteren für die weitverzweigte Verbreitung solcher Aufklärung gesorgt werden, um Ersprießliches zu wirken. Solange es dann noch dem freien Willen und der guten Einsicht des einzelnen Wissenden überlassen bleibt, die Schlußfolgerungen für sich und seinen Nachwuchs zu ziehen, muß ihm zumindest Rat und Unterstützung leicht geboten werden.

Bevor jedoch sachgemäßer Rat erteilt werden kann, muß eine notwendige Vorbedingung erfüllt sein: daß um Rat angegangen wird! So setzt schon hier die nutzbringende Belehrung ein; Belehrung darüber, daß beide zur Eheschließung gewillte Teile sich Aufschluß verschaffen sollen, ob und inwieweit nach menschlicher Voraussicht und ärztlicher Erfahrung die grundlegenden Voraussetzungen für ein Gesundbleiben des einen und des anderen der Ehegatten gegeben sind, und desgleichen, ob und inwieweit der eine und der andere der Ehegatten zur Zeugung eines mindestens normalen Nachwuchses die wahrscheinliche Eignung besitzt. Auch dahin hat die Belehrung zu wirken, daß nicht irgendein — und sei es auch ein sonst ruhig überlegter, welterfahrener — Laie derartig verantwortungsreiche Ratschläge auf solch schwerwiegende Fragen zu erteilen befähigt ist, sondern einzig und allein der Arzt. Nicht Erwägen allein, sondern tiefgründiges Fachwissen ist dazu nötig, aus den unendlich zahlreichen Varianten körperlicher und geistiger Beschwernisse, welche dem oder jenem Individuum zu eigen sind, ein richtiges Urteil in der Hinsicht zu erfassen, daß im Einzelfalle Einspruch gegen eine Eheschließung im Interesse der Eheschließenden oder der etwaigen Nachkommen zu erheben, beziehungsweise nicht zu erheben geboten sei. Umfangreiche, von hervorragenden Gelehrten verfaßte Werke über „Krankheit und Ehe" suchen den Ärzten die Kenntnis all' der einschlägigen Erfahrungen, welche für die Wohlfahrt der Menschheit von fundamentalster Wichtigkeit sind, nach Maßgabe des stetig fortschreitenden medizinischen Wissens zu übermitteln. Eine wirkliche heilbringende Auswertung der Ergebnisse dieser beachtenswerten Forschertätigkeit kann nur so erfolgen, daß jedem Einzelnen eindringlichst eingeprägt werde, sich dieses Wissen durch vorsorgliches Rateinholen zunutze zu machen.

Unleugbar türmen sich in der Welt der Wirklichkeit häufig große, zuweilen unüberwindliche Schwierigkeiten und Hindernisse der Erfüllung jener Anforderungen entgegen, welche forschende Erkenntnis und Erfahrung für eine zweckentsprechende Auswahl der Begattenden zur Ertüchtigung des Nachwuchses stellt. Solche Widerstände begründen sich nicht allein in blindem Drängen erotischer Triebhaftigkeit, in hemmungslos einherstürmender Geschlechtslust, in von Augenblicksstimmungen diktierten Entschlüssen, sondern hervorragend auch im Einflusse äußerer Verhältnisse und Zwangslagen; so triumphieren oft rein materielle Momente, die Rücksichten auf soziale Stellung, der Ehrgeiz, die Eitelkeit, auch die Lockung von Schönheit und Glanz —, kurzum allerlei unwiderstehlich scheinende Anreize über die ethischen Grundsätze.

Doch wird und muß sich allmählich in jeder Volksschichte das Verständnis dafür Bahn brechen, daß die Geschlechtsreifen hohe Verantwortung für ihre schöpferischen Taten tragen, neue Lebewesen aus sich erstehen zu lassen, die nicht im Keime schon an Unzureichendem, Fehlerhaftem, Verkümmertem leiden. Vor dem Höchstzweck, gesunde und kräftige Kinder zu zeugen, müssen alle Strebungen und Bedenken des selbstsüchtigen Ichtums zurücktreten!

Da die Keimanlage der Menschen in ausschlaggebendem Maße von erblichen Momenten mitbestimmt wird, wäre es gewiß berechtigt, *unerwünschte Menschenarten* (*Säufer*, *Gewohnheitsverbrecher*, *Syphilitiker*, *Lungenschwindsüchtige*, *Geisteskranke*) *durch Zwangsmaßregeln an der Fortpflanzung zu verhindern*; die praktische Durchführung solcher Zwangsmaßnahmen, sei es mit der radikalen Methode *operativer Vernichtung der Zeugungsfähigkeit* (Kastrierung), sei es durch ein strenges — in seiner Wirkung auf die Fortpflanzungsmöglichkeit immer recht problematisches — *Eheverbot* oder auf irgendeine andere Weise (Internierung in Anstalten, Deportation in eigens dazu geschaffene Kolonien) unterliegt erst eingehendem Studium. Auch sind es noch der Lösung harrende Fragen und Probleme, welche Individuen als derart schwere Schädlinge der Menschenaufzucht zu betrachten sind, daß sie der Zwangsmaßregelung verfallen müssen, nach was für Kriterien und Grundsätzen dieselbe erfolgen soll, und welches Forum berufen und ermächtigt sein soll, derlei in die persönliche Freiheit des Einzelnen und in die Allgemeinheit tief eingreifende Maßnahmen in die Wege zu leiten, zu prüfen und zu vollstrecken.

In manchen Staaten Nordamerikas wurden gesetzliche, strikte Eheverbote für alle Arten von Schädlingen für die Wertigkeit des Nachwuchses erlassen; so untersagt das Gesetz in Ohio, Kansas, Minnesota usw. allen Epileptikern, Gewohnheitstrinkern und geistig Minderwertigen unter Strafandrohung das Eingehen einer Ehe; in Michigan können sogar jene Personen, die das Zustandekommen einer solchen verbotenen Heirat irgendwie fördern oder ermöglichen, mit schweren Geldstrafen belegt, ja zu jahrelanger Gefängnishaft verurteilt werden; ebendort kann auch die Verurteilung von, mit Gonorrhöe oder Syphilis behafteten Personen, denen das Heiraten verboten ist, wenn sie diesem Verbote zuwiderhandeln, zu hohen Geld- und jahrelangen Freiheitsstrafen erfolgen. — Die praktischen Erfolge dieser energischen Maßregeln scheinen jedoch nicht allzu hoch veranschlagt werden zu dürfen.

„Aussichtsreicher für Beseitigung oder Verbesserung offenkundiger familiärer Krankheitsanlagen erschiene es" — schreibt E. Wieland — „wenn sich immer mehr die Sitte einbürgern würde, vor dem Abschlusse einer Ehe auch den Rat des Hausarztes einzuholen und seiner Entscheidung Gehör zu verschaffen. Ein solches Vorgehen läge ebensosehr im Interesse der Ehekontrahenten, als des zu erwartenden Nachwuchses; und manche schwere Lebenssorge, mancher spätere Vorwurf könnte vielen Eltern durch Befolgung dieser Vorsichtsmaßregel erspart werden. Wohl ist das Verlangen kein kleines; denn auf keinem Gebiete läßt sich die menschliche Natur so wenig leiten, als gerade auf diesem innersten, persönlichsten. Entsagung setzt hier ein solches Maß von Einsicht, Willenskraft und Charakterstärke bei den Beteiligten voraus, daß einstweilen nur wenige Auserwählte den hierzu notwendigen moralischen Mut zu besitzen scheinen.

Mag es aber auch noch oft genug heißen: erst durch Schaden klug werden, so viel erscheint doch sicher: von dem zunehmenden Verständnis weiterer Kreise für die große hygienische Bedeutung der Ehe und von der wachsenden Einsicht in den engen Zusammenhang zwischen Krankheit und ererbter Krankheitsanlage darf mit der Zeit eine Schärfung des individuellen Verantwortlichkeitsgefühls beim Eheschluß, häufiger, als bisher freiwilliger Eheverzicht, und auf diesem Wege Verhinderung der Weiterübertragung erblicher Krankheitsanlagen zuversichtlich erwartet werden."

Ellen Key stellt in ihrem — trotz mancher allzu großer Idealismen — beachtens- und lesenswerten Buche „Über Liebe und Ehe" bestimmte Forderungen, an deren Erfüllung die Eheerlaubnis gebunden sein soll; nebst Volljährigkeit von Mann und Frau fordert sie, daß keiner der beiden Ehegatten mehr als 25 Jahre älter sei als der andere, keiner dürfe mit dem anderen blutsverwandt sein, ferner müssen beide Teile bekräftigen können, daß sie nicht schon in anderer Ehe leben, und schließlich müssen sie ein ärztliches Zeugnis über ihre „Ehefähigkeit" erbringen.

Die „Berliner Gesellschaft für Rassenhygiene" hat im Vereine mit zahlreichen sozialhygienischen und sozialpolitischen Vereinen ein Merkblatt ausgearbeitet, das von dem Standesbeamten jedem Brautpaare bei der Anmeldung seines Aufgebotes in zwei Exemplaren ausgehändigt werden soll. Es lautet: „Sie stehen im Begriffe, in nächster Zeit zu heiraten; es ist daher für Sie von größter Wichtigkeit, folgendes zu beachten: Gesundheit der Ehegatten ist für das Glück der Ehe wichtiger als Geld und Gut. Krankheit eines Ehegatten schädigt seine eigene Arbeitskraft, vermindert seine Erwerbsfähigkeit, zwingt den anderen Gatten zu vermehrter Arbeit, drückt auf die Lebensfreude, bringt Sorge und Kummer ins Haus; Krankheit eines Ehegatten kann auch die Gesundheit des anderen Gatten schädigen. Das gilt besonders für alle ansteckenden Krankheiten, z. B. Lungertuberkulose (Schwindsucht), Geschlechtskrankheiten usw. — Krankheit eines Ehegatten kann sich auch auf die Kinder vererben, z. B. Geisteskrankheiten. Krankheiten der Eltern schädigen, auch wenn sie sich nicht vererben, sehr oft ihre Nachkommen, so daß diese entweder schon schwächlich oder krank geboren werden, oder später leichter als andere Kinder erkranken. Zu solchen Krankheiten gehören sehr viele Leiden, insbesondere Nervenleiden, Tuberkulose, Syphilis usw. -- Wer eine Ehe eingeht, ohne sich zu vergewissern, ob er gesund ist, übernimmt eine schwere Verantwortung gegen seinen Ehegenossen und gegen seine Nachkommen. Ob jemand an einer Krankheit leidet, die für ihn, seinen Ehegatten und seine Nachkommen nachteilig sein kann, vermag nur ein Arzt durch gründliche Untersuchung festzustellen. Der ärztlich Ungeschulte kann in diesen sehr schwierigen Fragen nicht urteilen, nicht im günstigen, aber auch nicht im ungünstigen Sinne. Wer nicht ärztlich sachverständig ist, kann bei sich eine Krankheit übersehen und kann andererseits eine Krankheit annehmen, die nicht besteht. Auch kann er fälschlich glauben, daß er mit einem erblichen Gebrechen behaftet sei. So meinen auch manche Leute irrtümlicherweise, daß die im Krieg erworbenen Verstümmelungen für die Gesundheit der Nachkommen nachteilig seien, was tatsächlich nicht der Fall ist. Jedermann hat deshalb die sittliche Pflicht, bevor er sich zu einer Ehe entschließt, das Urteil des Arztes über seinen Gesundheitszustand einzuholen. Wird eine Krankheit nachgewiesen, so ist der Arzt zu befragen, ob dadurch eine Ehe beeinträchtigt werden kann. Ist das der Fall, so verlangt es die Ehrenhaftigkeit, daß man seinem (seiner) Verlobten davon Mitteilung macht und daß man sich selbst ernsthaft prüft, ob man unter diesen Umständen eine Ehe eingehen darf. Wer eine Ehe schließt, ohne von seiner Krankheit seinem (seiner) Verlobten Kenntnis zu geben, begeht ein Verbrechen an seiner Familie. Unter Umständen kann eine solche Ehe nach dem „Bürgerlichen Gesetzbuch" für nichtig erklärt und aufgelöst werden. Sieht der Arzt in einer festgestellten Krankheit oder Krankheitsanlage kein Bedenken gegen einen Eheschluß, so kann doch die ärztliche Untersuchung dadurch einen großen Nutzen haben, daß rechtzeitig zweckmäßige ärztliche Vorschriften erteilt und durch deren Befolgung eine Heilung oder Besserung erreicht wird, daß die Übertragung der Krankheit auf den Ehegatten verhindert, eine Schädigung der Nachkommen oder die Unfruchtbarkeit der Ehe verhütet wird. Jeder, der eine Ehe eingeht, soll sich auch über die Gesundheit seines (seiner) Verlobten Aufschluß erteilen lassen; das braucht nicht als Mißtrauen gedeutet zu werden, sondern ist nur eine notwendige Vorsichtsmaßregel, die großes Unglück verhüten kann. Wer diese Mahnungen gewissenhaft befolgt, hat ein Anrecht auf das Glück einer in Gesundheit blühenden Familie."

Alle derartigen Vorschläge und Vorschriften zielen auf das eine ab: „alle Menschen davon zu überzeugen, daß die Fortpflanzung nicht etwas ist, was nur so nebenbei abgemacht werden darf, vielmehr die einzig wahre Gelegenheit darstellt, höchstes menschliches Streben überhaupt zu verwirklichen, nämlich im Kampfe ums Dableiben sich zu verewigen" (H. Sellheim).

Mag einer oder der andere in dem bedächtigen gegenseitigen Auswählen der Gatten in der Richtung des Vorteiles für die Gattung eine Schmälerung der Liebe, eine Erniedrigung der Ehe zu einem „Züchtungsinstitut", zu einer animalischen „Durchgangsstation für den Nachwuchs" erblicken, so muß solch einem doch eine arge Verkennung der Tatsachen vorgeworfen werden, denn daß der Mensch in Erkenntnis der Naturgesetze sie auch richtig und verständnisvoll zu nützen sich bemüht, kann unmöglich sein Ethos mindern, also auch seine seelische Liebesfähigkeit und ihre Äußerungen nicht beeinträchtigen. An dem Werte der Ehe, an ihrer Heiligkeit und an ihrem Glück wird doch keineswegs gerüttelt, wenn die Gatten sich auch an das schöne Motto E. Keys halten: „Es ist gut, Vater und Mutter zu ehren; wichtiger ist doch das Gebot, das Moses vergaß: Sohn und Tochter zu verehren, noch ehe sie geboren sind!" —

Die Liebe soll bei den auf Grund gegenseitiger Neigung unter dem Gesichtspunkte des Nachwuchsgedeihens geschlossenen Ehen -- also bei der Zuchtwahl — keineswegs ihrer Herrschergewalt beraubt werden, sondern durch die mächtigere Betonung ihres geheiligten Endzieles der Fortpflanzung kulturell verfeinert, von der rein egoistischen, ursprünglichen Gefühlsmäßigkeit zu der ethischen Hochwertigkeit einer Liebe für die kommenden, selbstgeschaffenen Menschen geführt werden.

„Das Stammesgefühl, die Verehrung der Vorväter, der Stolz auf reines Blut -- sagt Ellen Key — wird in neuem Sinne ihre bestimmende Macht über Gefühle und Handlungen wiedererlangen. So wird die Freiheit der Liebe begrenzt werden: Freiheit für die Auswahl der Liebe unter Bedingungen, die der Gattung günstig sind, Begrenzung, nicht der Freiheit der Liebe, wohl aber der Freiheit des Kinderzeugens unter Bedingungen, die der Gattung ungünstig sind -- dies ist die Lebenslinie . . .“

Die Frau hat — ganz besonders in den ungeheuerlich schweren, gewaltige Energie und große Anpassungsfähigkeit fordernden Kriegsjahren — einen schönen Beweis für ihre dem Manne gleichwertigen Fähigkeiten in organisatorischer, gewerblicher, politischer und geistiger Betätigung erbracht und sich so ein gutes Recht erworben, aus den freiheitlichen Errungenschaften der Gegenwart einen ihr gebührenden Platz im Kultur- und Wirtschaftsleben zu erringen und einzunehmen. Dieses gute Recht auf Entfaltung ihrer individuellen Persönlichkeit und auf Anerkennung ihrer Befähigung und ihrer Leistungen darf nicht angefochten werden. Darüber soll und darf die Frau aber nie vergessen, daß sie von der Natur als Trägerin der Geschlechtsfortpflanzung ausersehen wurde, und in dem Momente, da sie sich als Weib fühlt, muß sie sich auch dem Fortpflanzungswillen beugen und sich vor Augen halten, daß ihr die Natur darin andere Wege gewiesen hat, als dem Manne. Sie hat auch andere Pflichten zu erfüllen als nur gegen sich, ihre Geschlechtsgenossinnen und ihre Mitwelt: die

Pflichten gegen ihre Kinder! Und die Frau, welche diese letztere Pflicht in Treue und Liebe erfüllt, mit klugem Sinn und bedachtem Wollen, leistet der Allgemeinheit ebenso große, wenn nicht größere Dienste, als die nach außen im betriebsamen Lebenskampfe Tätige, als die sozial und politisch Wirkende. Nur wenigen Hochbegabten ist es vergönnt, in dem einen wie in dem anderen Sinne Ersprießliches zu schaffen. Sicherlich aber hieße es die Absichten auch der mannbarsten Streiterinnen für das Frauenrecht verkennen, ließe man nicht auch sie in der „Ehe" das Ideal geschlechtlichen Verkehrs und die Mutterschaft als ihr schönstes Frauenrecht ersehen.

Daß die Ehe, ihre Rechte und Pflichten in weit umfassenderem Maße, als bisher, den — allen kultivierten Erdenvölkern gemeinsamen — sozialen Forderungen und Ansprüchen gerecht werde, damit die zu einer guten, segenbringenden Geschlechtsgemeinschaft und Fortpflanzung geeigneten und befähigten Männer und Frauen nicht durch den Zwang rein äußerlicher Einflüsse und Bestimmungen und durch, oft abwendbare, Schicksalsungunst von der naturgewollten Liebe und Zeugung ausgeschlossen bleiben müssen, damit andererseits aber die ethischen, geistigen und körperlichen Schädlinge unter den Menschen von der Vermehrung ferngehalten werden können, das sollen alle jene in dankenswerter Mühe erstreben, die in wahrer Menschheitsliebe sich offenen Blickes für die sinngemäße und der kulturgeschichtlichen Entwicklung angepaßte Umgestaltung der bestehenden Ehenormen einsetzen. Denn es ist so, wie Björnson sagt: „Alle Zivilisation gründet sich darauf, die Tugenden blühen darin, und Früchte und Blüten und Duft gehen von ihnen über den häuslichen Herd aus, wo ein Mann ein Weib liebt. Die reichsten Worte der Welt sind: meine Braut, mein Weib, Vater und Mutter, mein Kind. Ohne diese Worte ist die Welt nur eine Lagerstätte, und die Menschen sind ohne sie nichts als Tiere."

A. Marcus & E. Webers Verlag (Dr. jur. Albert Ahn) in Bonn

Auszüge aus Besprechungen:

... Häufige Beziehungen auf die einschlägige moderne Literatur beleben die Darstellung, die für den Arzt und Soziologen gleiches Interesse bietet und als ernste Arbeit gewertet sein will, die den hohen Wert der Frauentreue für das Glück der Ehe und den Aufstieg der Rasse einschätzt und preist. **Büchermarkt 1917.**

... Alles in allem: Ein gutes Buch mit reiner Tendenz.

Neue Generation 1917.

... Mit Recht kann man hier wirklich von einem Buche reden, wie es auf diesem Gebiete in der Weltliteratur bisher nicht seinesgleichen hat.

Deutsche Mütterzeitung 1917.

Mag man mit dem Verfasser auch über manchen Gedankengang und Leitsatz rechten können, das Buch als Ganzes bietet eine Fülle von Wissensbereicherung, und diese ist den Ärzten ganz besonders zu wünschen, die, durch ihren Beruf mehr als andere Menschen gezwungen, psychische Eigenarten zu verstehen, leider noch immer den gewichtigsten Faktor im Erdendasein, die Sexualität, allzuwenig kennen. Hier kann und soll Kischs Buch belehrend wirken. **Medizinische Klinik 1917.**

Nachdem der bekannte Marienbader Badearzt im ersten Teil dieser sozialmedizinischen Studien mit dem weiblichen Ehebruch bekannt gemacht, schildert er in dem nun vorliegenden zweiten Teile die Geschlechtsuntreue des Weibes, wie sie besonders in der Prostitution zu suchen ist. Der Verfasser führt uns nicht nur die Umrisse dieses weiblichen Lasters vor Augen, sondern sucht auch ihr Wesen zu analysieren, die Ursache zu erforschen und Vorschläge zur Bekämpfung des Übels zu machen. Die einzelnen Typen sind scharf gezeichnet vom „Verhältnis" der Jugendlichen, dem Mätressentum und Konkubinat bis zur öffentlichen Straßendirne. Hinsichtlich der Bordellfrage wird das Für und Wider erörtert, der Standpunkt der Abolitionisten abgelehnt. Aus dem Ganzen spricht der sittliche Ernst des Forschers und Arztes und überall verrät sich die große Vertrautheit des Verfassers mit Literatur und Geschichte.

Schmidts Jahrbücher für die gesamte Medizin.

Auf der Grundlage einer mehr als fünfzigjährigen Tätigkeit als Frauenarzt und an der Hand der physiologischen und psychologischen Forschungen der Gegenwart formt der Verfasser in diesem Buche das Bild der ehebrecherischen Frau, erforscht die Gründe und den Werdegang der geschlechtlichen Untreue des Weibes in ihrem verwickelten Verlaufe vom ersten gedanklichen Liebessehnen bis zur fleischlichen Vollendung und legt die Zusammenhänge bloß, die zwischen dem Fehltritte der Frau und ihrer angeborenen Keimanlage, sowie ihrer eigentümlichen, auf die Mutterschaft abgestellten Geschlechtsausbildung, der Beschaffenheit des heimständigen Bodens und ihre Umwelt bestehen, und weist nach, welch überwältigende Schuld nicht selten dem eigenen Manne an dem Falle seiner Ehegattin zukommt. Mit hohem sittlichen Ernst sucht er die tieferen Ursachen des beklagenswerten sittlichen Niederganges der Ehe der Gegenwart zu ergründen. ... Das Buch ist in einem guten, klaren, von entbehrlichen Fremdwörtern ziemlich freien Deutsch geschrieben und bietet reiche Belehrung für jeden, der im öffentlichen Leben mit solchen Dingen zu tun hat, vor allem aber dem **Kriminalisten, dem Richter, dem Moraltheologen, dem Beichtvater, Prediger und dem geistlichen Gewissensberater in den Großstädten.** Sein Wert für die **moderne Frauenfrage** liegt auf der Hand.

Augsburger Postzeitung.

Fortsetzung umstehend.

Zeitfracht Medien GmbH
Ferdinand-Jühlke-Straße 7
99095 Erfurt, Deutschland
produktsicherheit@kolibri360.de